図解入門
How-nual
Visual Guide Book

よくわかる 最新
システム開発者のための

仕様書の
基本と仕組み

プロジェクトマネージャ＆メンバーのための基礎知識

［第4版］

増田 智明 著

秀和システム

はじめに

　IT業界のプロジェクトには、さまざまな情報と人が入り組んでいます。それゆえ、プロジェクトの一員という立場では全体像が掴みにくく、見えにくいものが多いものです。プロジェクト内の情報が混乱して立て直しができないままプロジェクトが失敗に終わってしまったり、全体の状況がよくわからないまま仕事を続けてしまう場合も多いでしょう。

　本書『図解入門 よくわかる最新 システム開発者のための仕様書の基本と仕組み 第4版』では、システム開発全体が見渡せるように、プロジェクト全体をストーリー形式で解説しています。また、章末のコラムでは、マネジメントのコツについてまとめてみました。

　本書で取り上げた「小規模システム開発」「パッケージアプリ開発」「Webアプリ開発」「クラウド移行計画」などのプロジェクトには、プロジェクトマネージャやプロジェクトリーダー、設計者、プログラマ、試験担当者、品質管理担当者、そして顧客が登場します。それぞれの立場でシステム開発に必要な情報を交換しながら、プロジェクトを成功させるために進めていく姿を描いています。

　プロジェクトを成功させるためには、プロジェクト内で入り混じってしまった情報を正確に整理してまとめていくことが必要です。これらの情報は、文書という形で誰でも理解できるようにまとめます。プロジェクト内での認識を統一することが、プロジェクトに途中で参加する人や顧客へ情報を正しく伝えるための基となるものです。

　もちろん、プロジェクトの中で交換する情報は、文書だけではありません。顧客との会話や、プロジェクトメンバーによる会議の内容、気づいたときのメモ書きなども重要な情報になり得ます。IT業界のプロジェクトがどのような流れで進み、どのような文書や情報が作られていくのか。それらの新しい見え方ができるでしょう。

　また、仕様書や設計書などを作成するときの具体的なテンプレートをダウンロードサービスでご用意しました。ぜひご利用ください。

　最後になりましたが、本書を執筆するにあたり、アイデアを共有していただいた関係者にお礼を述べ、本書が読者のプロジェクトを成功させる一助になればと願います。

2023年12月　増田智明

図解入門
よくわかる最新 システム開発者のための
仕様書の基本と仕組み[第4版]

CONTENTS

第1章 システム開発の流れ

第2章 業務分析─要求定義書

第3章 システムの検討①─要件定義と基本設計

第4章 システムの検討②―外部設計

第5章 文書作成における注意点

第6章 要素の抽出―外部設計と内部設計

第11章 不具合に対処する―障害情報

第12章 システム移行に対応する―移行計画

第13章 ナレッジマネジメント

仕様書テンプレートについて

本書では、WordやExcelで作成された具体的な仕様書のサンプルテンプレートを用意しました。

以下のURLからダウンロードできます。

https://github.com/moonmile/specification-samples

ダウンロードする圧縮ファイルに含まれているテンプレートは、以下の表の通りです。

プロジェクト	No.	使用する仕様書
要件定義	1	要求定義書.docx
	2	プロジェクト計画書.docx
	3	スケジュール.xlsx
設計工程	1	システム概要仕様書.docx
	2	システム構造設計書.docx
	3	外部設計書.docx
	4	内部設計書.docx
	5	概要設計書.docx
	6	詳細設計書.docx
	7	データベース設計書.xlsx
	8	ネットワーク設計書.vsd
実装工程	1	単体試験一覧.xlsx
試験工程	1	結合試験仕様書.docx
	2	結合試験一覧.xlsx
	3	システム試験仕様書.docx
	4	システム試験一覧.xlsx
	5	障害管理一覧.xlsx
	6	障害票.docx
	7	仕様変更管理票.docx
	8	仕様変更管理一覧.xlsx
保守運用	1	システム障害管理票.docx
	2	システム障害管理一覧.xlsx
	3	システム復旧手順書.docx
	4	システム更新手順書.docx

本書をご購入の方に限り、業務などのテンプレートや参考用として自由にお使いください。

なお、サンプルテンプレート自体の著作権は、著者に属しますが、本テンプレートを利用して作成した仕様書や手順書などは読者に著作権があり、自由に配布ができます。

第 1 章

システム開発の流れ

　システム開発（ソフトウェア開発）において、プロジェクト
マネージャとプロジェクトリーダーが最初に押さえておくべき
ポイントを解説していきます。プロジェクトマネージャは、「顧
客とプロジェクトの間をうまく取り持つ」ために、プロジェクト
リーダーは「プロジェクトメンバーを成功へと導く」ために、
それぞれの流れを意識しながら調整していきます。

システム開発の流れの概要

プロジェクトでは、プロジェクトメンバーがシステム開発を（ソフトウェア開発）行う「仕事としての時間の流れ」以外にも、いくつかの流れがあります。プロジェクトとしての「時間軸上の流れ」、文書として作成される「成果物の受け渡し」、プロジェクト内で交換される「情報の流れ」の3つを押さえておきましょう。

▶▶ 基本的な3つの流れ

まず最初に、**システム開発（ソフトウェア開発）** の流れを整理しておきましょう。プロジェクトを進めるにあたって、重要な流れがあります。それは、

①**時間軸に沿ったプロジェクトそのものの流れ**
②**プロジェクトが進行していく間に作成される成果物のつながり**
③**成果物を作るための情報のつながり**

の3つです。本書では、それぞれの流れやつながりを**プロジェクトの流れ**、**成果物の流れ**、**情報の流れ**の3つの流れとして見ていきます。

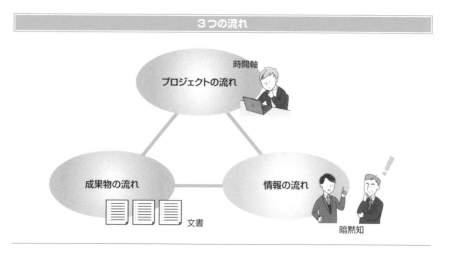

3つの流れ

プロジェクトの流れ　時間軸

成果物の流れ　文書

情報の流れ　暗黙知

●プロジェクトの流れ

　プロジェクトを表面的に見てしまうと、**時間軸の流れ**しか見えてきません。そして、時間軸の流れだけを追ってしまうと、各種の工程が直線的につながっている流れになってしまいます。

　もちろん、プロジェクトの見積りや進捗を推し量るものとして、この時間軸の流れは重要です。プロジェクトには、いくつかの重要なチェックポイントがあり、それらを外してプロジェクトを進行させることはできないためです。

　これらのチェックポイントは、**マイルストーン**という工程の区切りとして、プロジェクトマネージャが意識しなければいけないものです。

●成果物の流れ

　システム（ソフトウェア）を開発するプロジェクトの中では、同時にいろいろな**成果物**が生まれます。当然、最終的な成果物は、顧客の業務で動作するシステムになりますが、プロジェクトの途中には、マイルストーンを満足させるための成果物があったり、各工程を円滑に流すための成果物が出てきます。

　具体的な成果物の例として挙げられるのが、要求定義書や設計書、試験仕様書などです。これらの目に見える成果物をベースにすることで、システム開発（ソフトウェア開発）は多人数での共同作業が可能になります。

　また、成果物は、**契約や各種の検証を行う際の根拠や記録**ともなります。

●情報の流れ

　プロジェクトの中の「目に見える流れ」として成果物がありますが、一方で「目に見えない流れ」として**情報の流れ**があります。

　情報は、主に成果物と一対になって動くものですが、ときには、目に見える成果物（設計書など）と前後して、手戻り※や手直しといったフィードバックを受けるものもあります。

　これらの情報の流れは、目に見える成果物とは異なるものだと意識しておく必要があります。時間軸や成果物の場合は、一方向にしか流れないものですが、情報の場合には、見通しや想定も含めて、いくつか**交差するもの**があります。

※**手戻り**……ある工程で発生した障害（バグ）が、その工程では発見されずに次の工程以降で発見されたことによって、工程を後戻りして、その修正を行うこと。障害の発生した工程内で修正を行うのに比べ、多大なコストがかかるとされる。

　これらの3つの流れがあることを、プロジェクトマネージャはきちんと押さえておきましょう。

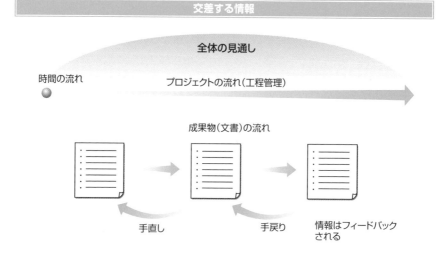

交差する情報

全体の見通し

時間の流れ　　プロジェクトの流れ(工程管理)

成果物(文書)の流れ

手直し　　　　手戻り　　　情報はフィードバックされる

COLUMN

プロジェクトマネージャの役割

　プロジェクトマネージャの目的は、プロジェクト自体を成功させることにあります。これは、本当の顧客を見極めて理解することで達成されるものです。

　少しずつ時間をかけて見極める必要があり、顧客との打ち合わせ抜きで達成できるものではありません。

　プロジェクトマネージャは、プロジェクトの達成すべき見取り図を顧客と共有していきます。

　このように顧客の要求を聞き出したり、プロジェクトの状態を顧客に説明して理解してもらうことが第一の役割になります。

1-2

プロジェクトの流れ

　プロジェクトの流れでは、顧客からの『要求定義書』を起点として、要件定義➡設計➡実装➡試験と続く時間軸の流れがあります。それぞれの工程を区切るために、マイルストーンが置かれます。これらをチェックポイントとして詳しく見ていきましょう。

▶▶ ステップ1 要求定義

　システム開発の時間軸上でスタートラインに位置するものは、顧客から提示される**要求定義**になります。

　要求定義書には、顧客自身が考える目標や、システム導入に伴う効果の度合いについて記述されています。システムを導入したときに、顧客自身がどのような効果を期待するのか、あるいは顧客からの具体的な要望としてシステムを開発する際の**マスタースケジュール**や**予算**が提示されます。

　いわば、これらがプロジェクトの前提条件になります。

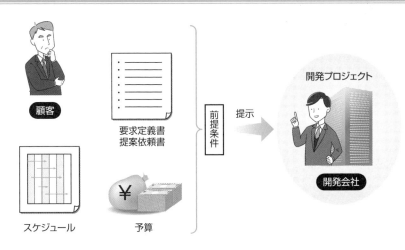

前提条件から要件へ

顧客

要求定義書
提案依頼書

スケジュール　　予算

前提条件　提示　開発プロジェクト

開発会社

▶▶ ステップ2 要件定義

　次に、この前提条件の要求定義を受ける**要件定義**の工程があります。

　要件定義は、顧客の要望を確認したり、現状を調査するための**要件分析**と、それらをシステム化するときのまとめとしての**要件定義**、**基本設計**に分かれます。

　この工程では、分析➡定義という流れで進み、工程の目的としては、顧客の**要求定義書**や**提案依頼書**（**RFP***）を受け取り、開発者側から**提案書**を提出し、契約を交わします。

　『提案書』では、『要求定義書』や『提案依頼書』に書かれた顧客の**マタースケジュール**と**予算**に対応して、開発者側から**開発スケジュール**と**開発予算**（**開発規模**）が提示されます。

　これらの根拠として、顧客の問題をきちんと理解している合意点として要件定義があり、それらの問題を解決する手段として基本設計があります。この2つは、『提案書』を形作るワンセットになります。

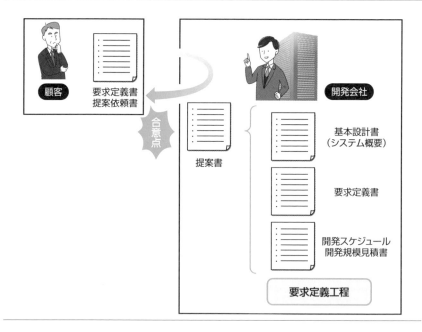

顧客の問題を理解し、解決手段を提示する『提案書』

***RFP**……Request For Proposalの略。

　要件定義と基本設計が終了すると、システムの外枠が決まります。そして、顧客との契約が要件定義の工程の区切りとなります。

▶▶ ステップ3 設計工程

　設計工程は「どのようにシステムを構築していくか」という検討段階になります。検討した結果は、**設計書**になります。

　『設計書』には、**外部設計**と**内部設計**などがありますが、具体的な実装（コーディング）を行う前段階として、システム全体の整合性が合うように、かつ、要件定義を満たすように作成していきます。

　アジャイル開発※のように、設計工程と実装工程が同居している場合もありますが、プロジェクトの流れとしては、ひとまず**設計**と**実装**を分離しておくとよいでしょう。プロジェクトの規模にもよりますが、いきなりコーディングを行うにしても、まず頭の中で検討してから実装を行い、そして再検討してチェックする、という繰り返しを行っています。

　このあたりは、「情報の流れ」でも説明していきます。

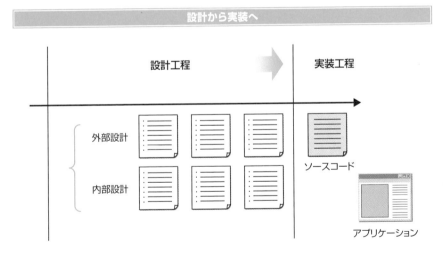

設計から実装へ

設計工程　→　実装工程

外部設計

内部設計

ソースコード

アプリケーション

※ **アジャイル開発**……中で仕様や設計の変更があるという前提のもと、最初から厳密な仕様ではなく、おおまかな仕様だけで開発を開始し、仕様や設計の妥当性を検証するため、すぐに実装と試験を行う開発手法。

▶▶ ステップ4 検証

　さらに、設計工程と実装工程の間には、「実際に実装できるか」という**検証**が挟まります。実装可能かどうかという基準は、システム開発(ソフトウェア開発)を行ってシステムを構築する上で、重要なチェックポイントになります。

　この検証は、**レビュー***や**インスペクション***でも構いません。漠然とした設計者の自負や見通しもあるでしょう。

　少なくとも、現実問題として「実装できない設計」や「実装者(開発者)に伝わらない設計」のままでは、実装工程がおぼつかないことは確かです。

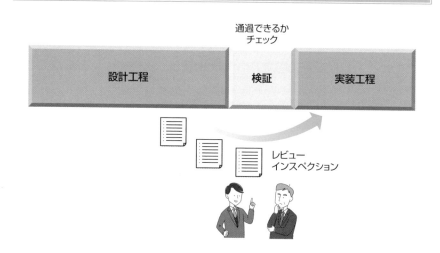

実装工程の前に検証作業を行う

▶▶ ステップ5 実装工程

　実装工程では、設計したものをすべてコーディングしていきます。

　現実問題として、仕様変更があったり、設計ミスがあったりするので、要求定義や設計工程と完全に一致するというわけにはいきません。しかし、設計工程がシステム全体を網羅していると同じように、形式的には「実装によってシステムに含まれる部品をすべて作成する」というチェックが必要になります。

＊**レビュー**……設計内容が適切かどうかを設計者以外の人に評価・検討してもらうことで、誤りや問題点をなくして設計の質を高める作業のこと。

＊**インスペクション**……役割の決まっている参加者が、焦点を絞って成果物を評価・検証することで、迅速に誤りや問題点を検出する作業のこと。

▶▶ ステップ6 試験工程

　試験工程では、契約を交わした以下の3点が合致することをチェックします。

Ⓐ要件定義
Ⓑ設計工程で作成した設計
Ⓒ実装工程で作成した製作物

　試験工程の終了時点では、**設計と実装が完全に一致していること**が条件になりますが、これも実装工程と同じように現実的な問題があるので、完全に一致することはありません。しかし、少なくとも「設計したものがきちんと作成してあるのか」「作成したものが設計通りであるのか」という視点でチェックしていくことになります。

　そのため、試験工程の終わりは、すべての一致の確認ができたときに終了となります。

試験工程で要求定義、設計、製作物の合致をチェックする

▶▶ ステップ7 納入

これらの工程の最後に来るのが**納入**になります。

開発プロジェクトが最終的な成果物である**システム**を完成させて、それらを納品し、顧客からの検収を受けることで、プロジェクトは終了します。

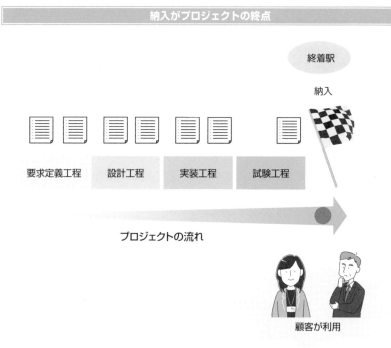

納入がプロジェクトの終点

終着駅

納入

要求定義工程　設計工程　実装工程　試験工程

プロジェクトの流れ

顧客が利用

▶▶ プロジェクトマネージャにおけるプロジェクトの流れ

プロジェクトを管理する**プロジェクトマネージャ**や**プロジェクトリーダー**の立場としては、ここまで述べてきた**チェックポイント**を外さないようにしておきます。

もちろん、現実のプロジェクトは、このような工程で区切られ、スムーズに動くわけではありません。最初の前提条件から納入に至るまで、現実に対処しなければいけない部分が多くあります。

しかし、最初の見通しとしての計画、あるいはプロジェクトが正常であることを

確認するためのチェックポイントをプロジェクトマネージャやリーダーはおろそかにしてはいけません。計画を立てておき、「現実とのズレ」を認識することがプロジェクトマネージャにおける**プロジェクトの流れ**になります。

現実とのズレを認識する

開発計画

プロジェクト
マネージャ

現実の動き

両者を比較する

COLUMN ## プロジェクトのビジョンを決める

　プロジェクトを成功させるためには、計画に先立ってプロジェクトが達成すべき姿をプロジェクトメンバーが十分共有していることが重要な要素になります。

　後から加わるメンバーのために「顧客の要件を解決したとき、システムはどのような形をしているのか」「それは、どのような適用範囲を持つのか」ということを文書や適切なプロトタイプとして作っておくと、共有が楽になります。

成果物の流れ

　システム開発を行う場合、最終的な成果物は「システムそのもの」と言えますが、プロジェクトを円滑に進め、システムを正常に稼働させる資料を作るためには、目に見える形で「文書としての成果物」を残すことが必要になります。工程に分解した形でプロジェクトの流れは理解できたと思いますので、今度は、それぞれの工程で作成される成果物の流れを見ていきましょう。

▶▶（ステップ2）要件定義での成果物

　成果物の流れの出発地点に、顧客からの**要求定義書**を据えると、最初に連なるものが**要件定義**の工程の成果物です。

　要件定義で作成される成果物は、次の2段階に分けられます。

1 顧客の『要求定義書』を分析する際に作成される成果物
2 システムを構築する要件定義の際に作成される成果物

要求定義で作成される2段階の成果物

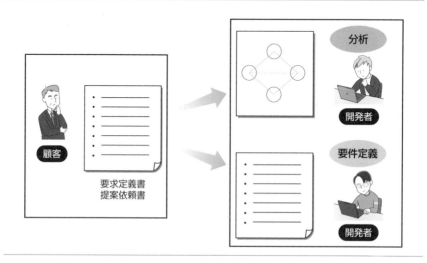

●**分析の際に作成される成果物**

　分析の起点として、**利用者（アクター**＊）の決定があります。これから開発するシステムが「誰に使われるのか」「どのような人に影響を及ぼすのか」を決めるための表です。

　導入するシステムの利用者が漠然としたままだと、「誰がどのようにシステムを使うか」という主語が決定できません。

　この主語の部分を決めておいて、**アクティビティ図**＊や**ユースケース記述**＊を使い、既存の業務を分析したり、新しい業務の流れ、改善案、システム案の分析を行います＊。

　そして、分析結果をまとめてシステムを構築する図面を描き、**要件定義書**や**基本設計書**などが記述されます。

●**定義の際に作成される成果物**

　要件定義では、業務の流れ図（『アクティビティ図』など）や『ユースケース記述』での確認のほか、顧客からのヒアリングをシステムに反映させます。これは同時に、開発者側が「システムが完成した」と思えるような運用試験のクリア基準にあたります。

　「この要件を満たすためには、どのくらいの費用がかかるのか」「どのくらいの期間がかかるのか」を示したものが**開発費用**と**開発スケジュール**になります。

　これらは、顧客から提示される**予算**と**マスタースケジュール**をインプットas しています。

＊**アクター**……あるシステムに対して何かの処理を行う人や組織、外部システムのこと。UMLでは、線で描いた人型で表される。

＊**アクティビティ図**……業務の流れを記述・分析するために、いくつかの業務処理をグループにまとめて図式化した表のこと。

＊**ユースケース記述**……ユースケース図（システムに要求する機能や処理を特定するための図）をもとに、システムとアクターとのやり取りをシナリオとして記述したもの。

＊**この主語〜行います。**……ここで作成するアクティビティ図や『ユースケース記述』は、運用試験でのインプットになる。

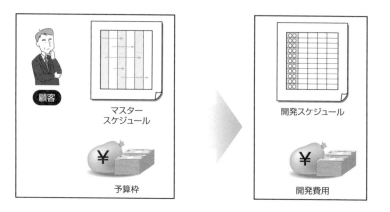

　基本設計書は、この時点では、顧客に提示する開発費用（開発規模）の根拠になります。また、『基本設計書』は、要件定義を満たすシステムの概要を示していますが、これらをまとめて**提案書**が作成され、顧客との契約が成立します。

　さらに、契約が成立したらプロジェクトの開始となりますが、その前に**プロジェクト計画書**を作成します。これは先の開発スケジュールを記述したり、各文書の決まりごと、各工程の検証基準、プロジェクトメンバーの役割など、プロジェクトを円滑に運営させるための見取り図になります。

　これから続く工程では、ここに記述される開発スケジュールや開発規模を常に意識するため、各工程のインプットになる重要な指針となります。

▶▶ （ステップ3＆4）設計工程・検証での成果物

　設計工程では、システムの「利用者」とコーディングを行う「実装者」という2つの視点から成果物が作成されます。

●利用者の視点で作成される成果物

　設計工程では、『基本設計書』と『要件定義書』を受けて、まず**利用者の視点**で**外部設計書**が記述されます。

　『外部設計書』では、『基本設計書』で記述されているシステム概要や機能一覧

をもとにして、システムの動きを利用者の視点で設計していきます。

この枠組みの中で、以下のような設計書が作成されます。

①アプリケーション設計書
②データベース設計書
③ネットワーク設計書
④画面設計書

システムの特徴により、これらの『設計書』は取捨選択されます。システム概要を補足する形で、「業務の流れ図」や『ユースケース記述』を使うこともあります。

●実装者の視点で作成される成果物

設計工程では、引き続き**内部設計書**を作成します。今度は、**実装者の視点**で設計書が記述されます。

インプットとして『基本設計書』と『外部設計書』があり、システムを作成するにあたって、**コーディング**という「作業の設計図」を組み立てることになります。

設計工程での成果物

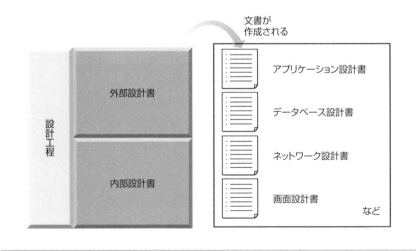

▶▶（ステップ5）実装工程での成果物

実装工程では、『内部設計書』を元にして**実装（コーディング）**が行われ、**コード**が成果物になります。

アジャイル開発であれば、『内部設計書』『コード』『単体試験仕様書』が一体となることもあります。

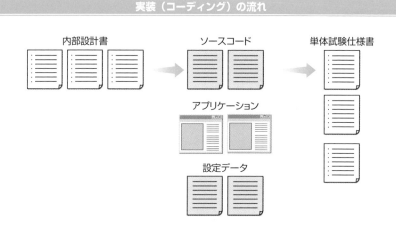

実装（コーディング）の流れ

内部設計書　　　　　　ソースコード　　　　単体試験仕様書

アプリケーション

設定データ

▶▶（ステップ6）試験工程での成果物

試験工程に入ると、『コード』と『内部設計書』がインプットになり、**単体試験仕様書**が作成されます。

試験を行う場合には、試験の項目を書いた**試験仕様書**と、試験の結果を記録した**試験結果書**が対になって作成されます。

『試験仕様書』では、設計工程の成果物がインプットになります。

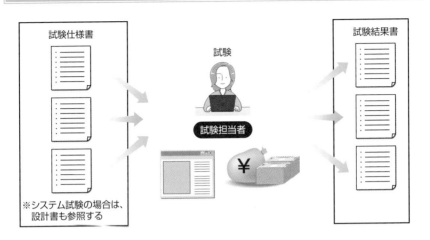

試験工程での成果物

試験仕様書

試験

試験担当者

¥

※システム試験の場合は、
設計書も参照する

試験結果書

●単体試験、結合試験

単体試験や**結合試験**の場合は、『内部設計書』がインプットになり、実装が意図した通りに行われているか、また実装したものが意図したものとして動いているかをチェックすることになります。

●システム試験

システム試験の場合には、『基本設計書』『要件定義書』『外部設計書』がインプットになります。

システム試験では、構築されたシステムが設計通りに作成されているか、さらにまた『要件定義書』を確認して契約した通りに作成されているかをチェックすることになります。

●性能試験

性能試験では、『要件定義書』に書かれている性能を満たしているかどうか、あるいは導入するシステムの実測値はどうかを確認します。

これらの情報は、『マニュアル』がアウトプット先になります。

● **運用試験**

運用試験では『要件定義書』のほか、分析段階で利用した『アクティビティ図』や『ユースケース記述』がインプットになります。

システムを導入して運用する段階において、マニュアル通りに利用者がシステムを動かせることを保証する作業になります。

▶▶ それぞれの工程を結びつける成果物

成果物（文書）は、時間軸の中で直接的に接していない作業工程同士の**情報を結びつけるもの**になります。それゆえに、それぞれの成果物を各作業工程の単位で、形式的に作成してしまうだけでは情報の交換がうまくいかず、文書としての利用価値が減ってしまいます。

それぞれの成果物は、契約段階での納品物件としての価値があると同時に、開発プロジェクトが円滑に進むための**情報の流れを乗せる器**になります。

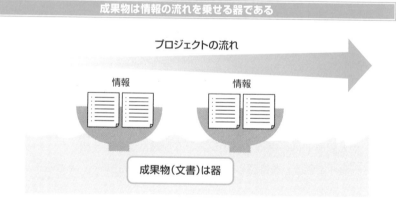

成果物は情報の流れを乗せる器である

プロジェクトの流れ

情報　　　　　　情報

成果物（文書）は器

計画駆動とは何か？

　アジャイル開発が環境に適応し、状況の変化に追随するソフトウェア開発手法であるならば、「変化」に乏しい状況においては、計画駆動が適していると言えます。

　もともとウォーターフォール開発は、ソフトウェア開発の工程を要件定義、設計、実装、試験などの各プロセスに分けて順序立てて開発を行うプロセスです。IT技術が世の中に浸透するにつれ、開発サイクルが短くなり、開発中であっても新製品や周りの状況がめまぐるしく変わることが目立ってきました。そのため、長期の計画を立ててソフトウェア開発を行うと、プロジェクトの最初の計画からズレが生じてしまい、最終的にできあがったものが顧客の考えるものとズレてしまいます。

　このズレをソフトウェア開発中にも軌道修正できるようにしたのがアジャイル開発方式です。

　たとえば、1年間の開発期間の間、最終的な製品が変わらないとするならば、この途中のズレは最小限に抑えることができるでしょう。計画通りに進まない理由としては、規模見積りのズレや利用するフレームワークの習熟度などのプロジェクト内の要因に限られてきます。このような場合、次のようなPDCAサイクルが有効となります。

・プロジェクト計画を立案する。
・プロジェクトを計画通りに進めて、実際に起こるプロジェクト内の問題を解決する。

　計画駆動では、期間見積り（スケジュール）と規模見積り（コード量、予算）が必要となります。スケジュールは、完成した製品のリリース日を決定するものです。コード量が予想よりも多くなる場合は、リリース日に合うようにプロジェクトメンバーの増員などで対処します。

　設計工程などの見通しは、当初の計画からズレるかもしれません。その部分は、プロジェクトバッファや増加するかもしれない量をあらかじめ上乗せしておく「保険」という形でプロジェクトに含めておきます。

　計画駆動では、スケジュールの立案や全体のコード量の概算を決め、当初の計画からプロジェクトがズレてきたときに諸々の方法で対処することが求められます。

情報の流れ

　プロジェクトを成功させるためには、第3の流れである「情報の流れ」を強く意識しておくことが重要です。プロジェクトを標準化に合わせて工程化するあまり、各工程の区切りを重視しすぎてもダメですし、契約に従った文書を作成することにやっきになって、成果物の作成のみに集中しすぎてもいけません。

▶▶（ステップ1）要求定義における重要な情報

　それぞれの文書では、いくつかの重要な情報が記載されています。文書（成果物）の流れを追うと同時に、**目には見えづらい情報の流れ**を意識しておくことで、現実のプロジェクトに合わせて、工程のズレや成果物の量を柔軟にコントロールできるようになります。

　要求定義の工程では、顧客から提示される**要求定義書**や**提案依頼書（RFP）**に、「顧客が達成したい目的」（たとえば、問題解決や業務の効率化など）と同時に、

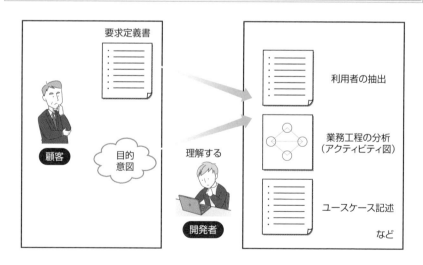

開発者が顧客の目的を理解する

要求定義書

顧客

目的
意図

理解する

開発者

利用者の抽出

業務工程の分析
（アクティビティ図）

ユースケース記述

など

「マスタースケジュール」と「予算」が決められています。目的は、ある一定の期間と予算（投資）という制限の枠内で実現されることが求められます。

開発者側では、これに対応させて**提案書**を作成します。**顧客の目的**や**顧客の現状**を理解するという情報の流れでは、「利用者（アクター）の抽出」、そして『アクティビティ図』や『ユースケース記述』を使った分析作業があります。

▶▶（ステップ2）要件定義における重要な情報

要件定義の工程では、分析した情報を使って、それを契約として形にするために**要件定義書**を作成することになりますが、ここでは開発者側が「顧客の目的」や「顧客の現状」を十分理解していることを示した上で、**システムが実現する要件**として顧客と情報を交換することになります。

ここでの情報は、開発者側が「顧客の目的」や「顧客の現状」を正確に理解して解決案を提示し、解決案を見た顧客が納得するという確認の意味も含まれています。

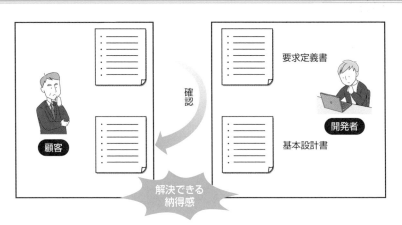

顧客が開発者の『提案書』を理解する

▶▶（ステップ3）基本設計における重要な情報

設計工程では、マスタースケジュールと総予算という枠組みの中で、要件をクリアするために予想される**システムの概要**を決めます。これが**基本設計書**になります。顧客から提示される期間と予算をインプットとし、それを開発期間と開発規模に反映させてアウトプットします。

開発期間と開発規模は、契約を決めるときの顧客への根拠となると同時に、プロジェクト全体の活動を制限する外枠になります。つまり、無限にシステムを拡張して開発するのではなく、**一定の期間で一定の規模**という制限が設定されます。

もちろん、基本設計の段階でシステム全体を完全に予想することは不可能です。要件定義をした段階であっても未知な点、不明な点があるのが現実のプロジェクトです。そのため、この部分は過去のプロジェクトを参考にした規模見積りや、設計者の経験、いくつかの見積り手法に従って、**プロジェクトの見通し**を立てることになります。この見通しも、重要な情報になります。

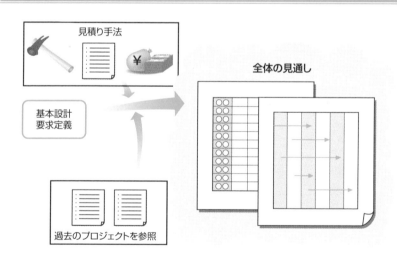

プロジェクトの見通し（最初の計画）

▶▶ （ステップ4）外部設計における重要な情報

　一般的に、外部設計の作業は、契約後に行うことが多いようですが、プロジェクトによっては、要件定義の段階で**外部設計書**を作成する場合もあります。これは、開発規模や開発期間を見積るための根拠をより詳しく確認・証明しておくためです。

　要件定義や基本設計で不明点が非常に多い場合、リスクを含んだ開発予算と顧客の提示する予算枠が大幅にズレてしまうことが普通です。こうなってしまう原因は、主に顧客と開発者側との**情報量のズレ**の大きさが挙げられ、『外部設計書』を作成することで、この溝を埋めていくことになります。

　具体的には、分析で埋めていく場合もありますし、あるいは機能の確定で埋めることもあります。また、顧客の状況によっても細かく異なるところです。

　外部設計では、基本設計の見通しを含む形で、要件定義や『ユースケース記述』などを含みながら情報をまとめていきます。**予算枠やスケジュール枠を超えない**という条件も重要になります。

枠組みを意識して情報をまとめる

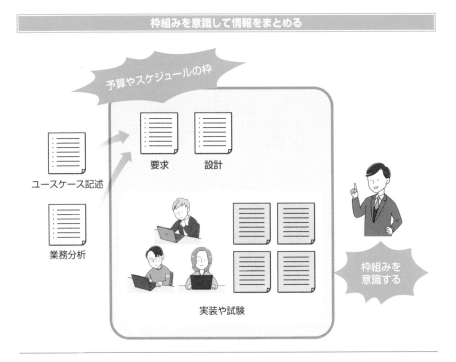

予算やスケジュールの枠

ユースケース記述

要求　　設計

業務分析

実装や試験

枠組みを
意識する

▶▶（ステップ5）内部設計における重要な情報

　内部設計は、外部設計の情報を実装工程に直すための組み換えになります。そのため、作成する**内部設計書**は単純なロジックであれば、処理の箇条書きでも構いませんが、クラスが複雑に絡み合ったり、いくつかのクラスが協調動作をしなければいけないような情報量が多いときには、**クラス図**や**シーケンス図**で情報を整理しておきます。このあたりの調節によって、**設計書の作業量**が決まっていきます。

　また同時に、設計工程での情報は試験工程で扱う情報につながります。試験工程では、設計や実装を行ったものが正しく動作するかどうかをチェックする役目がありますが、設計工程で試験のやりやすさを考慮に入れることにより、試験工程の作業を軽減させることができます。

　この設計から試験に流れる情報は、成果物としては目に見えないものですが、**プロジェクトの安定性**に貢献します。

試験工程へとつながる情報

設計工程 / 試験工程

・文書の量
・内容の量

情報

・テストする量
・複雑度

実装

▶▶（ステップ6）実装工程における重要な情報

　実装工程では、設計に従って実装を行う以外にも、いくつかの重要な情報が含まれています。

　たとえば、**コードの可読性**や**コメント**は、試験工程で修正が起こった場合や後々のメンテナンス性を高めます。特に修正を行う段階で、コードの可読性に問題がある場合には、そのまま障害の修正期間に響いてきます。

　また、**コード規約**や**ヘッダ部記述**は、成果物自身には現れませんが、有用な情報として活用できます。

▶▶（ステップ7）試験工程における重要な情報

　試験工程においては、先行する設計工程や実装工程での情報が有効に働きます。

●単体試験・結合試験

　単体試験や結合試験では、適切に整理された条件判別や、可読性の高いソースコードがある場合、試験自体をスムーズにする効果もあり、また再帰試験もやりやすくなります。同時に『内部設計書』と実装されたコードの整合性が高ければ、チェックも容易になるでしょう。

●システム試験

　システム試験では、『要件定義書』や『外部設計書』の情報をインプットとして、これが満足されているかどうかをチェックします。各種のコンポーネントやモジュールを組み合わせて、実運用と同じ形式で試験を行います。

　チェックする項目は手順に従って確認していくため、試験をするときの**手順書**が必要になります。要件定義を作成するときに分析を行った『アクティビティ図』や『ユースケース記述』を参考にしていきます。

●運用試験

　運用試験では、利用者が『運用マニュアル』や『保守マニュアル』を使って利用できることを確認していきます。

　この試験は、利用者である顧客自身が行う場合もあれば、システムの開発者側が代理として試験を行う場合があります。

　どちらの場合でもシステムを導入し、各種のマニュアルに従ってシステムが運用できることを確認していくための情報として、『アクティビティ図』や『ユースケース記述』が土台となります。

　これらを整理して、運用上の注意点などを含めたものが**マニュアル**などの成果物になります。

COLUMN　## ウォーターフォールとスパイラルモデルの組み合わせ

　ウォーターフォール開発では、各工程の成果物を評価する場所をマイルストーンとして置いています。このマイルストーンは、次の工程に進めるかどうかを検証する位置になります。

　スパイラルモデルでは、顧客の要求を実装して提供する小さなプロジェクトを使っています。このモデルでは、提供した製品の使い勝手を顧客に尋ねて次の開発（次の小さなプロジェクト）への要求へとつなげていきます。

　このスパイラルの小さなプロジェクトの中にウォーターフォールのような工程を組み入れ、最終的な製品を開発していきます。

COLUMN　パッケージアプリ開発、Web アプリ開発

　本書では、主に業務の受託開発（顧客との打ち合わせをしながら開発を進める
パターン）を想定して執筆しています。顧客の情報管理システムや会計システム
などを顧客と打ち合わせをしながら進める方法は、ウォーターフォール方式の開
発であっても、アジャイル方式の開発であっても、それほど変わりません。

　顧客の要望を直に聞き、ヒアリングの中からKJ法やTOCなどを利用しながらシ
ステム化をする要件を決めていくスタイルは、業務アプリを開発する方法として
今でも十分通用する方法です。

　しかし、昨今のように、Webサービスを提供して不特定多数のユーザーや一定
の有料ユーザーに提供するWebアプリや、携帯ゲームやApp Storeなどを利用し
たダウンロード方式のアプリや受託開発では、「顧客」の顔を直接見ることはほと
んどありません。

　「どのようなソフトウェアを開発するのか」「そのソフトウェアにはどのような機能があるのか」といった要件定義の工程は社内で行われ、顧客からのヒアリグという工程がありません。

　ある程度は、利用者へのアンケートでヒアリングを行うこともできますが、それが一般的な利用法であるのか、それともアンケートに答えた利用者の好みに過ぎないのかを判別する必要があります。

　近年のアプリの提供スタイルに合わせて、本書では「パッケージアプリ開発」と「Webアプリ開発」の2つの開発スタイルも解説しています。

　どちらも、受託開発のようには要件定義がうまくできないソフトウェア開発になります。パッケージアプリ開発では、リリース日を社内で決めて、パッケージとしてお客に販売します。主にゲーム開発や会計ソフトの開発、学習ソフトの開発などを想定しています。アプリは、商品として定価を決めて販売します。

　時としてバグフィックス版や機能拡張版などインターネットを通じて機能追加をすることもありますが、基本は最初のパッケージを定価で利用者に提供するというスタイルです。

　Webアプリ開発は、インターネット上でサービスとして利用者を募る営業スタイルです。Webアプリには無料なものや有料会員制のもの、小さなサービスのものやMicrosoft Officeのような大きなWebアプリを提供するスタイルまで様々なスタイルがあります。

　しかし、Webアプリの開発で一定していることは、リリース後も随時機能を追加するという点です。最初はベータ版程度の低い機能しか提供しなくても、徐々に機能を追加して正式版としてリリースできる点です。

　また、Webアプリはメンテナンスをしている時間を除き、365日×24時間動作していることが基本です。

　この点も踏まえて、Webアプリを開発するときのスタイルを解説します。

第 2 章

業務分析
——要求定義書

　システム開発（ソフトウェア開発）の前提には、まずは顧客の要求があります。「どのようなコンセプトでシステム化を行うか」、そして「どの程度の予算や期間で開発を行うべきか」がプロジェクトに先立ちます。現状の業務を見直す中で、新しいシステムに関わっていく人物を特定し、利用者としてのターゲットを決めていきます。

顧客が望む目標を分析する

　システム開発（ソフトウェア開発）を行う場合、まず『要求定義書』を土台にしていきます。「顧客がやりたいこと」「達成したいこと」を『要求定義書』の中で読み取りながら、「どのようにしたらその目標が達成できるのか」「どのようにシステム化を行えば予算内に収まるのか」などを検討してシステム開発を行っていきます。

▶▶ 要件の定義

　文房具メーカーで販売業務を行っている**阿部さん**は、「業務の効率化」と「売上の拡大」を目標とした**要求定義書**を書き出しました。そして、マスタースケジュールと予算を割り出して、この程度ならば採算が取れるだろうという目処をなんとか立てることができました。

要求定義書の例

```
　3）　追跡性の確立
　・業務フローごとの追跡性を明確にする
　・物流業者や仕入れ先の最適選定を即時可能にする。


　3.4 現システムにおける課題
　1)Web システム
　現在カタログ登録は画像の作成や情報の入力などを全て
　手動で行っているが、ある程度型にはまっているところがあるので可能な限り自動化でき
　た方が望ましい。


　2)物流
　配送状況の把握、管理はオペレータが手動で行っている。

　そこで配送状況の把握、管理を自動化できるようにする。
　また、発注も半自動化出来るようにする。


　3)管理業務
　現行のシステムの導入から５年が経過しているため、
　取引の複雑化や、新しいワークフローが導入された事により、
　作業工程やそのチェックポイントが明確でない点が多い。

　工程ごとのチェックポイントを明確にし、承認業務を半自動化できるようにする。

```

　一般的に『要求定義書』は、顧客自身で内容を考えるか、あるいはコンサルタントなどの助けを借りて、どのようなことを行えば業務改善や収益が上がるのかを検討していきます。

　今回の阿部さんのケースでは、コンサルタントの専門的な知識を借りたり、今までの経験から得た知識を使って『要求定義書』を仕上げていきます。

　阿部さんは、今日、システム開発を担当する**加藤さん**と会うことになっています。『要求定義書』で掲げている**業務の効率化**と**販売経路の拡大**をどのように実現させていくのか、最初の取っ掛かりの部分を見ていきましょう。

加藤　「開発を担当する加藤と申します。よろしくお願いいたします」

阿部　「阿部です。こちらこそよろしくお願いします。私は、文房具の販売業務は
　　　　分かっているのですが、ITはまったく素人でして、どのようにシステムを
　　　　導入したらよいのか、あまり分かっていません。本当にうまくいくのかど
　　　　うか、かなり不安な点があります……」

加藤　「そうですね。阿部さんの本業を支援するために、ITがあると言っても過言
　　　　ではありませんから、分からないことがあれば相談してください。私ども
　　　　はシステム開発が専門ですが、文房具の業界や業務について知らないこと
　　　　が多いため、そのあたりの知識を教えていただくことになると思います」

阿部　「なるほど、業務をサポートするためのITなんですね。そう思うと、少し気
　　　　が楽になります。システムを導入しても、それに振り回されてしまうので
　　　　はないかと思って、ちょっと不安になることもあるので」

加藤　「システムを使うのは、人ですから、まずは、どんな人がシステムを利用し
　　　　ていくのかを調べていくのがいいですね。『システムの動きに人の動きを
　　　　合わせる』のではなく、『人の動きにシステムが追随していく』と考えて
　　　　ください」

　開発を行う上で、**どんなシステムを開発していくのか**ということを定義したものを**要件定義**と言います。

　『要求定義書』では、顧客が「どんな目標を達成したいのか」「どのように収益を上げていきたいのか」という目標が書かれています。

　要件定義では、これを受けて「どんなシステム（ソフトウェア）を導入すると、目標を達成できるのか」という要件に分解し、開発するシステム（ソフトウェア）を自ら定義していくことになります。

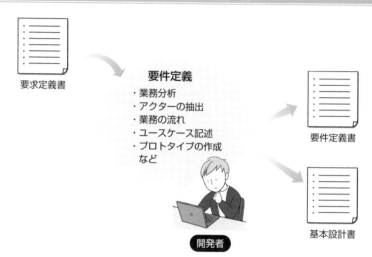

要求定義書

要件定義
・業務分析
・アクターの抽出
・業務の流れ
・ユースケース記述
・プロトタイプの作成
　など

開発者

要件定義書

基本設計書

COLUMN

プロジェクトリーダーの役割

　プロジェクトリーダーの第一の目的は、強い意志を持ってプロジェクトを推し進め、開発されるシステムを成果物として顧客に提供することです。そのため、プロジェクトリーダーは、プロジェクトの計画を立案し、機能を取り揃え、機能ごとの見積りを行う必要があります。

　これらの機能や仕様を、顧客が納得がいくように説明するのもプロジェクトリーダーの役目になります。

2-2

システムの利用者を考える

　漠然とした利用者を想定すると、システムを開発するときの重要な点が曖昧になってしまい、ムダに高機能なシステムを作ってしまいがちです。適度な規模にシステムを保ち、予算内でシステムを開発するためには、むやみに機能を増やさないことが重要です。この場合、「このシステムの利用者（アクター）は誰なのか？」を最初に抽出することで、利用者に合わせた設計が可能になります。

▶▶ アクターの抽出

　要件定義を行う前提として、いくつかの条件が出てきます。

　まず、『要求定義書』には、顧客が達成したい目標が書かれているわけですが、具合的にどのように達成すればよいのかは、開発会社が**提案書**として顧客に提出することになります。

　このときに、導入したシステムを誰が使うのか、つまり**利用者（アクター）**が誰なのかを明確にする必要があります。

　引き続き、システム開発を担当する加藤さんと、顧客の阿部さんの打ち合わせの様子を見ていきましょう。

加藤　「まず最初にお聞きしたいのですが、システムを導入した場合に、どのような方が関わってきますか？　阿部さんとしては、そのあたりをどのように想像していますか？」

阿部　「……そうですねぇ。業務の効率化は、発注伝票や受取伝票などを紙で管理していますが、これをパソコンで利用したいんです。今までの紙の状態だと整理が大変だし、なによりも後から調べることが大変なんです。ただ、伝票を書くこと自体は、完全にパソコンに移行できないのではないか、と思っています」

加藤　「ええと……問題があるのですか？」

利用者一覧の例

	A	B	C
1	ロール・アクター表		
2			
3	ロール	アクター	説明
4	顧客	Web通販一般顧客	Webを通して弊社製品を購入する一般一般顧客
5		電話通販一般顧客	電話を通して弊社製品を購入する一般顧客
6		FAX通販一般顧客	FAXを通して弊社製品を購入する一般顧客
7		大口顧客	担当の営業を通して取引を行う大口取引顧客
8		要注意顧客	製品の販売時に一時確認を要する顧客
9	取引先	小口仕入れ取引先	特定の個数、カートン等で取引しない取引先
10		大口仕入れ取引先	特定の個数、カートンでのみ取引する取引先
11		配送業者	商品の配送業者
12		輸送業者	仕入れ元から倉庫、倉庫間の配送業者
13		月初〆払い先	月末〆の取引先
14		月末〆払い先	月初〆の取引先
15		特殊〆払い先	月末、月初決済以外の取引先
16	コールセンタオペレータ	電話オペレータ	電話による通販を受け付ける担当者
17		FAXオペレータ	FAXによる通販を受け付ける担当者
18	社員	営業	
19		一般社員	
20		課長	承認業務が有るため
21		部長	承認業務が有るため
22		人事部社員	人事システムとして独立しているため
23		経理部社員	経理システムとして独立しているため
24		基幹システム担当者	Web、情報系、コールセンタを除く全システム担当者
25		基幹システムオペレータ	同オペレータ
26		コールセンタシステム担当者	
27		コールセンタシステムオペレータ	
28		社内情報システム担当者	基幹システムを除く情報系システム担当者
29		社内情報システムオペレータ	同オペレータ
30		Webシステム担当者	
31		Webシステムオペレータ	

|◀ ◀ ▶ ▶|\ロールアクター表 サンプル/テンプレート/　　　　　　　　　　|◀

阿部　「そうですねぇ。伝票の入力は、誰か1人が行っているというわけではない
　　　んです。私なんかは、ある程度、パソコンが使えるほうですから、なんら
　　　かのソフトを作ってもらえれば、そちらに移行してもいいと思うんですが、
　　　社内にはパソコンができない人がいたりするので、全員がパソコンを使え
　　　るという状態ではないですね……」

加藤　「なるほど。伝票をパソコンで入力する方の**スキルの問題**もあるわけですね」

阿部　「そうです。紙の伝票であれば、誰でも扱えるのですが、パソコンになると、
　　　ちょっと……という感じがしています」

加藤　「簡単な方法として、入力専用の機械を用意するという方法もあります。ま
　　　た、紙に手書きをした伝票をパソコン上で整理できるようにしたり、パソ
　　　コンができる方であれば直接入力できるようにしたり、という方法も考え
　　　られます」

伝票入力の利用者を明確にする

阿部 「そういう分け方もできますね」

加藤 「この場合、今まで通りに**（1）伝票を手書きで入力する人**と、**（2）直接パソコンで伝票入力する人**と、**（3）手書きで書かれた伝票をパソコンで入力する人**に分けられますね。そして、その伝票を入力してどうするのか、ということになるのですが、その辺はどうですか？」

阿部 「あぁ、書いた後の伝票をどうするかですね。ええと……それは経理部でチェックしたり、私のほうで売上を調査したりしますね」

加藤 「経理部の方がチェックする場合は、今までどのようにしていたのですか？」

阿部 「経理部では、伝票を1枚1枚、帳簿に手書きで書き写して、その後、会計のために整理していました。古い方式なのですが、伝票自体が紙なので、このほうが流れがいいようです」

加藤 「なるほど、1枚1枚手書きですか」

阿部 「ただ、私の部署では、売上を調査したり、分析したりするときに紙のままだと、かなり辛いんですよね。帳簿に書かれたものを、いったんパソコンに打ち込んで整理することもありますが、このあたりに時間を取られています」

加藤 「分かります。**業務の効率化**という点では、阿部さんの部署の入力の時間を減らす、というのもシステム化の1つの目的になりますね」

阿部 「えぇ、そうです」

加藤 「そうなると、伝票に関わる方というのは、先ほどの**(A) 伝票を入力する人たち**、**(B) 経理部**、そして、**(C) 売上の分析をする阿部さんの部署**といったことになるでしょうか？」

阿部 「えぇ、そうなると思います」

　この会話のように、要件定義では最初にシステムを導入した際に、どのような人が関わってくるのかを割り出していきます。これを**利用者の割り出し**、あるいは**アクターの抽出**と言います。

　アクターは、システムに関わる人のことです。アクターには、個人を特定できるように名前を使ったり、部署単位で使う場合には部署名を利用したりします。アクターを抽出しておくことにより、利用者としてどのような人が関わってくるのかを特定できます。後々、システムを利用する手順を検討するときに、このアクターが重要になってきます。

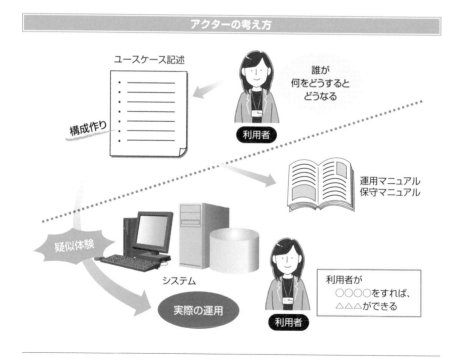

アクターの考え方

ユースケース記述

構成作り

誰が何をするとどうなる

利用者

運用マニュアル
保守マニュアル

疑似体験

システム

実際の運用

利用者が
○○○○をすれば、
△△△ができる

利用者

業務の流れを図式化する

　業務の流れ図（アクティビティ図など）は、要件定義に先立って業務分析を行うときに描かれるものですが、現場の流れをしっかり理解するための重要な手段になります。顧客の現在の仕事の流れがどのようになっているのか、また、システム化をした後ではどのような流れに変化するのかを調査できます。

▶▶ アクティビティ図の作成

　顧客の業種や職種によって、業務内容は千差万別です。要件定義の前に、現在の顧客の業務全体を分かりやすく把握しておく必要があります。

　開発担当の加藤さんは、業務分析のため、顧客の阿部さんにヒアリングをして、現在の仕事の流れについての情報を収集します。

加藤　「業務を理解する手掛かりとして、**業務の流れ**を記述するという方法があります。私たちの場合、システム開発の経験は豊富なので、お客様の要望や状況がハッキリしていれば、比較的簡単に開発できるのですが、お客様がどのような流れの中で仕事されているかまでは、詳しく分からないのです。ですから、まずはお客様の中でどんな業務の流れができているのか、そして、それをシステム化できるかどうか、などを検討しなければいけないわけです」

阿部　「そうですね。私もすべてIT化すればよいとは思っていません。まぁ、予算も限られているわけですが、一番、効果的なところを見つけていきたいですね」

加藤　「そうなんです。最も効果が上がる部分をIT化していくのが第1段階ですね。そのためにも『今の業務がどのように流れているのか』、『それはシステム化して大丈夫なのかどうか』を**流れ図**にしてチェックする必要があるんです。そこで今回は、流れ図として**アクティビティ図**を使います」

アクティビティ図の例

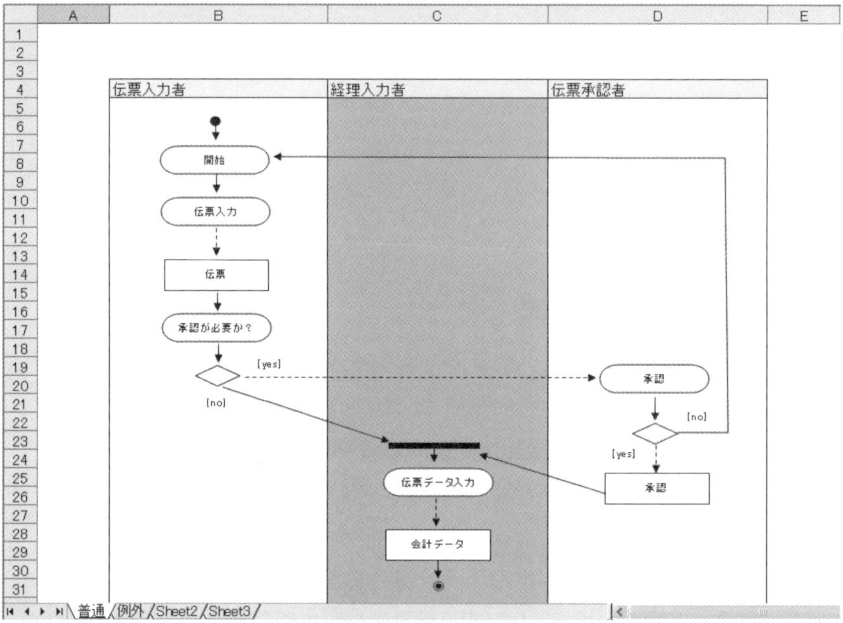

阿部 「なるほど、それが流れ図になるんですね」

加藤 「先ほどのシステム利用者の抽出にも関連しますが、利用者がどんな形で
システムに関わっていくのかを調べていく大元になります」

阿部 「私としても今までの業務は、漠然とこなしている部分もあって、そのあ
たり、**暗黙知**になっている部分も多いと思いますね」

加藤 「その暗黙知の部分を見えるようにしないと、システム化してしまったとき
に問題が発生してしまうわけです。人の手だとなんとかなっても、システ
ム化してガッチリと固定してしまったときに融通が利かなくて困る、とい
う部分がありますよね」

阿部 「えぇ、そうですね。紙の伝票を使っていたときは、後からの差し込みは簡
単にできるけど、システム化した場合、それができないと困りますね」

加藤 「たとえば、どんなものがありますか？」

阿部　「あまりよくないんですが、本来は新たに伝票を作って修正しなければいけないところを、直接、伝票を書き直していることもあります」

加藤　「なるほど、確かに帳簿を管理する観点では問題ありますね」

阿部　「そうなんです。本来は修正するための伝票を作らなければならないのですが、なかなか手が回っていなくて……」

加藤　「そのあたりは、システム化すれば自動的に伝票を作成できるので、あまり心配されなくても大丈夫です」

阿部　「なるほど」

加藤　「『アクティビティ図』を作っていくと、このあたりの流れや**例外処理**と呼ばれる先ほどのような特別な処理が見えていきます。そういった上で、その流れをシステム化するときにどのように変えていくのか、あるいは、システム化したときの流れはどのように変わっていくのかを考えたり、議論することができます」

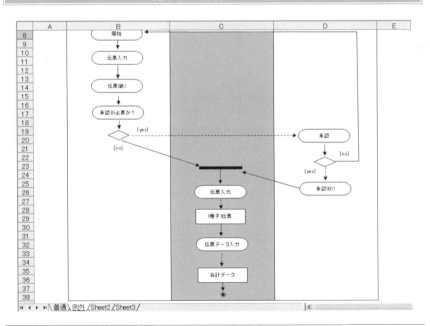

例外のある業務フローの例

　このように、業務の流れを図示する重要な点は、**顧客の業務の流れ**を皆で共有できることです。

　普段、何気なく行っている仕事の流れを一つひとつ書き出すことによって、その仕事を知らない開発者にも正確に伝わるようにします。そして、「システム化で効率化できる部分」を見つけ出します。単なるアイデアや思いつきではなく、根拠のあるシステム化の提案が可能になります。

　また同時に、**システム化してはいけない部分**も見えてきます。それは、人の判断が重要であったり、その業務自体が曖昧であったりする部分です。システム化には費用がかかるので、あまり効果がない部分はそのままにしておく、というのも1つの選択肢になります。

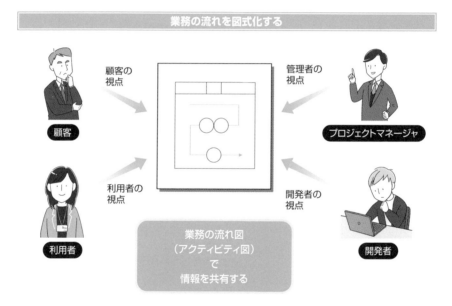

業務の流れを図式化する

顧客の視点
管理者の視点
利用者の視点
開発者の視点

顧客
プロジェクトマネージャ
利用者
開発者

業務の流れ図
（アクティビティ図）
で
情報を共有する

2-4

利用者の視点からシステムを記述する

システムを利用する側の視点から外部設計を行うために、『ユースケース記述』や『プロトタイプ』を活用します。これらを元にして、基本設計を作成します。

▶▶ ユースケース記述

現場の流れを理解するための手法として、2人の会話に『アクティビティ図』が登場しましたが、このほかにも利用者（アクター）の視点からシステムを記述していく方法があります。それが**ユースケース記述**です。

加藤　「また、仕事の一つひとつの手順を記述していく方法として、『ユースケース記述』があります。この『ユースケース記述』は、利用者の視点からシステムをどのように使っていくのかを検証できます」

阿部　「先ほどの『アクティビティ図』とは、どこが違うのですか？」

加藤　「『アクティビティ図』は、利用者やシステムを絡めて全体を俯瞰した業務を流れ図として表していくのですが、『ユースケース記述』は、利用者の視点からシステムがどのように使われるのかを記述していきます。具体的にやってみると……たとえば、伝票を入力するシステムを作成したとしますね。この場合、伝票を入力する人が、どんな操作をするのかを想像していくわけです」

阿部　「伝票を入力する人ですね。じゃあ、最初に品目を記述するとか、金額を入れるとか」

加藤　「そうです。利用者がどのような操作をするのか、というATMの操作のようなケースを想像してもらえばいいと思います」

阿部　「ええと、後は日付とか、起票した人の名前が入るかな」

加藤　「起票する場合は、そのシステムにログイン、つまり認証した後なら自動的に起票者の名前が入れば、それを入力する手間が省けますね。あと、日時

のように決まった情報の場合には、あらかじめ標準状態として入力してお
くということも可能です。当日の日付とかですね」

阿部　「あぁ、なるほど。そのあたりは手間が省けますね」

加藤　「そうです。『ユースケース記述』では、操作する画面の動きを想像してみ
たり、自動入力の部分や、ほしい機能などを調査できます」

『ユースケース記述』の例

ユースケース SK-U-1003

管理番号	SK-U-1003
ユースケース名	アルバイト登録
ユースケース概略	人事部内でのアルバイト登録処理
前提条件	人事システムが正常に起動していること
要求条件	アルバイトとして登録される人員の姓名、住所等と配属先が明確なこと
実行条件	新規アルバイト登録者が人事部に持ち込まれた時
終了条件	人事システムの従業員一覧画面でアルバイト登録者の情報が確認できること。
	アルバイト登録者の状態が登録済みになっていること。
アクター(主)	人事部社員
アクター(副)	登録申請者、人事部承認者

基本系列

1	登録申請者がアルバイト登録申請を人事部に宛てて出す。
2	人事部社員が内容を確認し、人事システムに登録する。
3	登録されたデータは承認待ち状態になる。
4	人事部承認者が承認処理を行う。
5	登録されたデータは承認済み状態になる。
6	人事部社員が登録されたデータを元に、事後処理(※1)を行う。
7	事後処理中は登録されたデータは登録処理中となる。

阿部　「入力した金額が合っているかもチェックしてほしいですね。明細の合計金
額とか、発注額と請求額の付け合わせなんかも日頃やっていますし。チェッ
ク機能があると、手作業の手間が省けます」

加藤　「そうですね、このあたりは業務の流れと併せて考えていきましょう。明細
の合計金額ならば、その場で計算できますが、発注額と請求額の付け合わ
せには、ほかの入力も関係してくるので」

阿部　「あぁ、そうですね。入力する画面は、今の伝票と同じほうがいいんでしょ
うか？」

加藤 「日付や名前を入力しなくて済むので、入力する伝票の形式は、今と同じで
　　　なくてもいいと思います。ただ、伝票には手作業の部分も残るでしょうか
　　　ら、なるべく同じ形で作っておくのもよいかもしれませんね」

　『ユースケース記述』は、**利用者の視点からシステムをどのように操作していく
のか**を文章で記述していきます。厳密な記述の方法では、前提条件や達成条件、
例外処理などを細かく記述する必要もありますが、最初の段階では、普通の流れ
を箇条書きで記述するだけで十分でしょう。

▶▶ プロトタイプ、ペーパープロトタイピング

　『ユースケース記述』は、分析からシステム化を模索する中で、手早く手軽にで
きる方法です。ただし、文章で書かれるために画面そのものをイメージしづらい
部分もあります。そこで、画面や操作の仕組みに関しては、画面の**プロトタイプ**や
手描きの**ペーパープロトタイピング**を併用する方法もあります。

プロトタイプの例

どちらも具体的に画面の操作方法を顧客が動かせるようにしておいて、より実体験できることを目指したものです。

手書きのペーパープロトタイピングの例

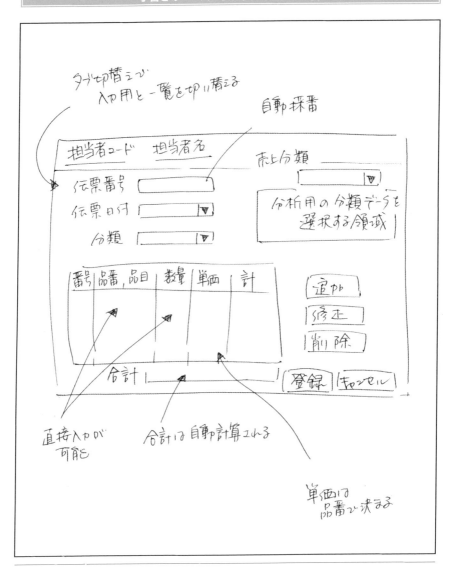

試験工程への応用

　また、要件定義で主要な部分の『ユースケース記述』を行っておくと、システム試験や運用試験の段階での『手順書』の土台として使うことができます。

　『ユースケース記述』自体が、利用者（アクター）からの操作を想定しているために、『運用マニュアル』や『保守マニュアル』のように、利用者がどのような操作をした場合に「どのような動きをするのか」「どのような反応が返ってくるのか」を記述することが求められます。

　これに従うことにより、最終的にシステムが出来上がったときに、利用者がどのような操作を行うのかを疑似体験できます。

『ユースケース記述』による疑似体験

2-5

ベータ版と順次リリース

第1章のコラムで前述したように、パッケージアプリ開発やWebアプリ開発では、リリース後も随時、機能を追加しています。ここでは、ベータ版や順次リリースの方法について解説します。

▶▶ ベータ版、順次リリースのフィードバック

受託開発では、業務分析をする際に、顧客に直接ヒアリングをしながら進めることできます。開発中に分からないことがあれば、顧客に直接質問することも可能です。そうしないと、顧客の思惑とは違ったシステムが出来上がってしまいかねません。

しかし、**パッケージアプリ開発**や**Webアプリ開発**では、要件定義をする段階では顧客がいません。また、アプリのリリース後であれば、Storeでの評価やSNSなどの評判で、アプリの操作感を確認できますが、初期の段階ではアプリがありません。

そこでパッケージアプリ開発では、利用者を想定しながら進める**ペルソナ**※を用意します。まず**ベータ版**をリリースし、その後、**順次リリース**で実際にパッケージを使う人を思い浮かべながら、機能などを追加・改良します。

ペルソナを作るときのコツは、受託開発の顧客のように「わがままを言い、いろいろ文句を言う人」を想定することです。標準的なアプリのユーザーではあるものの、アプリを使いこんでいけば、あれこれと要望が出てきます。

この場合、『要件定義書』は、受託開発と同じように書いていくのが望ましいのですが、受託開発とは違って「契約」の意味合いはないので、内部で分かる程度（企画や開発者の認識が合う程度）でよいでしょう。

また、Webアプリ開発の場合、スピードを要求されるために仕様書が省かれる傾向にあります。しかし、「各人の認識を合わせる」ためには、一定の仕様書が必要です。そうしないと認識の違いによって混乱が生じます。箇条書き程度でもよいので、仕様書を残しておきます。これは『議事録』で残してもよいでしょう。

※ **ペルソナ**……商品やサービスを利用する標準的なユーザー像のこと。ラテン語で「仮面」を意味する言葉「Persona」に由来する。

ベータ版、順次リリースのフィードバック

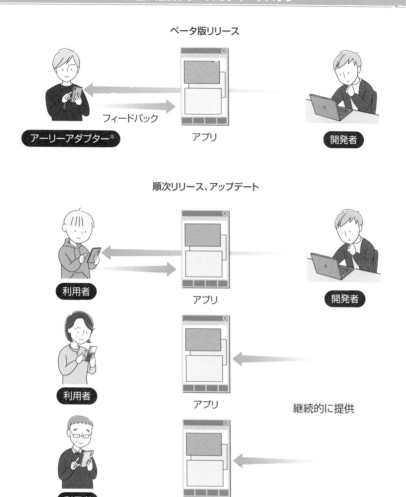

ベータ版リリース

フィードバック

アーリーアダプター*　　アプリ　　開発者

順次リリース、アップデート

利用者　　アプリ　　開発者

利用者　　アプリ　　継続的に提供

利用者　　アプリ

---

* **アーリーアダプター**……新しい商品やサービス、技術などに比較的早い段階で興味を持ち、それらを積極的に購入・利用する消費者タイプのこと。

▶▶ 要件定義で作成する仕様書

　プロジェクトを開始する要件定義の工程では、『要件定義書』のほかにプロジェクトの目的を記述した**プロジェクト計画書**、プロジェクトがどのように進むかの**マイルストーン**（中間リリースなど）を記述した**プロジェクトスケジュール**などを作成します。

要件定義書、プロジェクトスケジュール

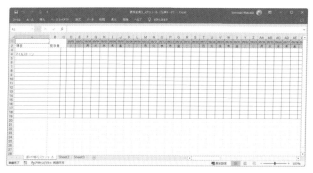

第 **3** 章

システムの検討①
――要件定義と基本設計

業務分析を行った後は、開発するシステムやソフトウェア全体の構成を検討します。まず、システムやソフトウェアの枠組み、範囲を決め、それらに対する顧客との認識、さらには開発者側全体の認識を統一していきます。

『提案書』作成の流れ

　アクティビティ図やユースケース記述などを使って業務分析を行った後は、これらを元にして全体の構成を作成する作業に入ります。ただし、構成を作成するときには、2つの段階があります。顧客に提案書を提出する前の段階としての要件定義と基本設計、そして提案書の後に設計として作業を行う外部設計の2つの段階です。

▶▶ 『提案書』作成に必要な作業

　顧客に提出する**提案書**には、顧客からの『要求定義書』や『提案依頼書』（RFP）に提示されたマスタースケジュールと予算に対応させ、**導入スケジュール**と**見積書**を含める必要があります。

　『要求定義書』の要望をどのように実現するか、つまりシステム化を行う前段階として**要件定義**を行い、その要件に対応する形でどのように実装するかという方法や手法が記述されます。

　また、『提案書』の中で見積りを出すためには、ある程度の**基本設計**が必要になってきます。

　これは見積りを行う段階で「どのように要求を満たすか」、あるいは「要求を満たしているか」等々を調査しないといけないためです。ソフトウェアの商品開発のように、特定の条件（たとえば、価格など）を優先するのであれば別ですが、受託開発の場合には、顧客から提示されている機能や要件の規模を見極める必要があります。

　想定されるシステムの全体像を掴まなければ、規模見積りは難しいものです。今後に想定される保守や運用に関わる費用、必要な機材などを調べておくためにも、基本設計をおざなりにしておくことはできません。

　このため、顧客への『提案書』を作成するためには、要件定義、基本設計などの作業が必要になります。

『提案書』作成の流れ

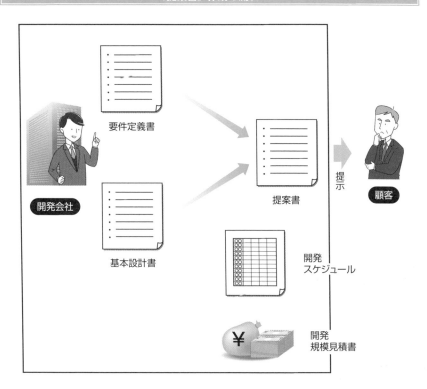

COLUMN 要求定義でのOSやミドルウェアの扱い

　要件定義の中で、システム化する際のOSやミドルウェアの種類、ハードウェアなどを定義していきますが、顧客の『要求定義書』の中にそれらが指定されている場合は、それに従います。

　これは顧客ですでに運営しているシステムに追加を行ったり、運用部門で運営ができるミドルウェアなどを選定する場合もあるためです。このあたりは顧客の状況により様々であるため、柔軟に対応する必要があります。

要件定義でイメージを統一する

　顧客の要望を要件定義の中に取り込み、同時にシステム化するときの必須要件を決めていきます。これらを顧客と開発者側の両者で確認していきます。

▶▶ 合意条件の確認

　文房具メーカーで販売業務を行っている阿部さんと、システム開発担当の加藤さんの打ち合わせの様子を引き続き見ていくことにしましょう。

加藤　「『要求定義書』をいただいた後、『アクティビティ図』や『ユースケース記述』で業務の概要が理解できましたので、これを**提案書**にまとめていきたいと思います」

阿部　「よろしくお願いします。『見積書』と『提案書』は、どのようになるのですか？」

加藤　「最初に大枠を決めるわけですが、お客様から提示されている『要求定義書』の中のマスタースケジュールと予算がありますよね。これにうまく合致しているか、検討していただくことになります。また、すでに提示されている要望に対して、弊社のほうで**お客様が納得できる形で理解できているのか**を確認していただきたいと思っています」

阿部　「そうですね。要望と異なるシステムが出来上がっても困りますし……」

加藤　「御社のご要望をシステム化する前提で要件としてまとめたものが、**要件定義書**になります」

阿部　「**業務の効率化**という点で言えば、どのようになりますか？」

加藤　「効率化については調査中ですが、最終的な部分は『提案書』までお待ちください。今まで業務分析で調査していった中では、システム化してしまうと、うまくいかなくなると思われる業務も出てきています。もっと大量に自動処理をする流れが見つかればいいんですが、今のところは、劇的に効率が良くなるという流れは見つかっていません。単純な伝票入力に留めておくほうがよいのかもしれません」

阿部　「えぇ、そうですね。うちの会社でも調べていく中で、意外と例外処理が多いことが分かりました。これでは、そのままシステム化することは難しいですね。かえって煩雑な処理が多くなり、本来の業務に支障が出そうな感じがしています」

加藤　「そのあたりは、業務改善ということで別途お手伝いできますが、今回はやめておいて、別の機会にご相談ということにしていただけませんか。最初に提示された『要求定義書』に従って、その範囲内のほうが予算的なブレもないし、御社での動きも最小限になると思われます。業務改善になってしまうと、スケジュール的な問題もありますし……」

顧客との合意条件

同じものを想像できるか?

システム像

要件定義書

基本設計書

開発会社

要求定義書

顧客

阿部　「そうですね。予算も限られていますからね。あと、最終的に導入するスケジュールもありますから、このあたりは別に検討したいと考えています」

加藤　「**販売経路の拡大**という点では、Webサイトを構築して、一般的な消費者の方にも購入ができるシステムを提案したいと思っております。このあたりは、どうでしょう?　販路拡大という目的は達成できますが、最初の投資に見合うだけの販売拡大ができるかが争点になってくると思います」

阿部 「そうですねぇ……。販路に関しては、一般的な販路ではなく、今まで付き
　　　合いのあるお得意様に限っていこうか、と考えています。一般公開にする
　　　と、全国への販売の機会が増えるのでしょうが、当社の出荷業務を考える
　　　と、そこまで販路を拡大しても実現が難しい感じなのです。このあたり、
　　　もっと制限を加えられますか？　あと、一般的な操作でなくても、簡易的
　　　なもので実現していけばよいと思っているのですが」

加藤 「分かりました。このWebサイトの提案は、少し拡張し過ぎですね。システ
　　　ム開発の面から言えば、一般公開であっても特定のお客様への公開であっ
　　　ても開発規模は変わらないと思うのですが、制限されるのであれば、もう
　　　少し機能を絞ってもよい感じがしています。このあたりは、要件のほうを
　　　見直していきたいと思います」

▶▶ 顧客と開発者側とのイメージの統一

　要件定義では、システムを導入をする開発者側の立場から、顧客の意図を理解
し直すことが重要になります。

　顧客から提示されている要求定義を『要件定義書』という文書で応え、それを
顧客が確認することにより、顧客と開発者側でシステムの完成イメージを一致さ
せることができます。

　完成イメージを一致させずにシステムの導入を進めてしまった場合、顧客が望
まないシステムを作ってしまったり、望んでいた機能が欠落してしまったりします。
そのようなことがないように、開発者側は要件定義で、どのようなものを作成して
いくのかを再確認する作業が必要になります。

　要件定義では、**見積り**を忘れずに行います。この見積りの金額は、最終的な成
果物と価格を対応させるための重要な資料の1つになりますが、**最終的に出来上
がったシステムが要件定義に合致しなかった場合は、開発者側の責任**となります。

　特にシステム開発（ソフトウェア開発）は複雑になるものが多く、顧客や開発者
側の様々な人たちの間で完成イメージの統一が取れないことがあります。

　これを一つひとつ要件として定義することで、余計なトラブルを未然に防ぐこと
ができます。

イメージの具体化

実現したい要求

完成イメージ

利用者

利用者

顧客

要求定義書
提案依頼書

要求定義

ITシステムが実現する
要求を具体化

　ちなみに、アジャイル開発※では、開発を行う過程で、プロトタイプや開発中の中間生成物を顧客に確認してもらうことができます。これにより、要件定義の難しさを回避することもできます。

　ただし、このような場合でも、先行きの見通しや、契約の方法など、いくつか注意しなければいけない点があります。

※**アジャイル開発**……本文15ページ参照。

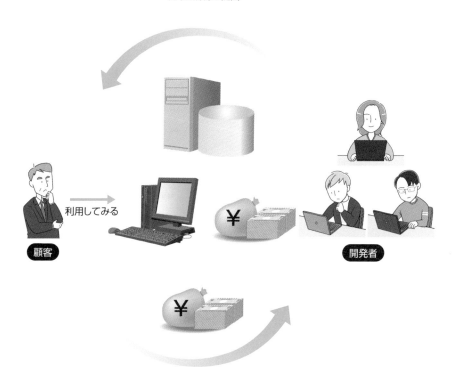

アジャイル開発による開発手法

中間生成物の提出

利用してみる

顧客

開発者

要求を伝達

アジャイル開発での実装の場合

▶▶ 複数の開発者におけるイメージの統一と共有

　この例のように、小規模なシステムの導入であれば、会社が1社だけでも十分開発できますが、大規模開発のように複数の会社が関わっていると、『要件定義書』は別な意味を持ってきます。コンサルタント/開発会社で要件定義を行った後、別の会社に設計を依頼することがあるからです。

　顧客の『要求定義書』をもとに要件定義や基本設計を行った後に、**協力会社**が同じ情報を共有して設計作業に入る場合は、できるだけ厳密で分かりやすい要件定義を行っておくことが必要になります。

イメージの統一と共有

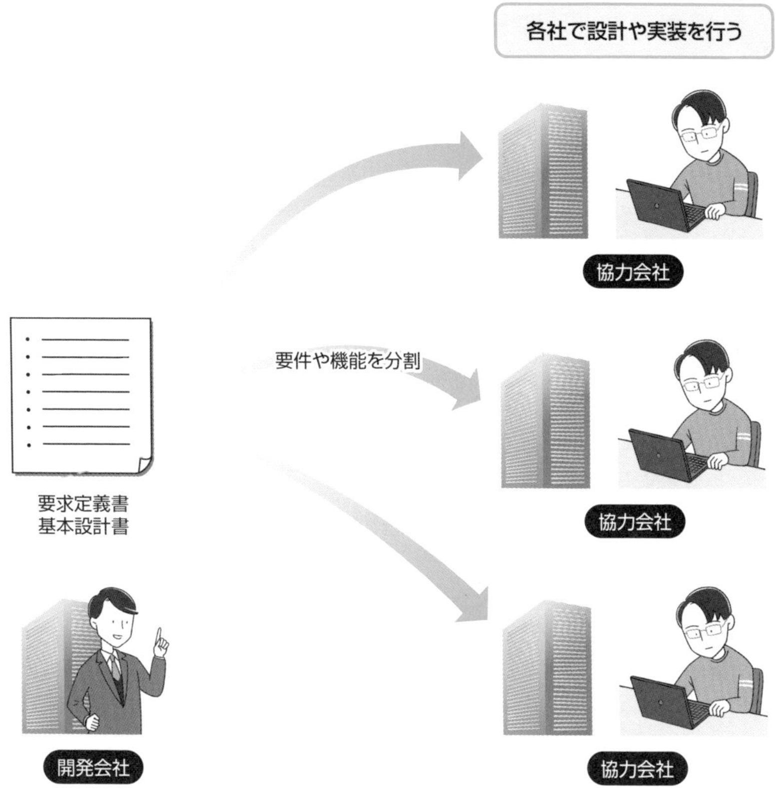

各社で設計や実装を行う

協力会社

要件や機能を分割

協力会社

要求定義書
基本設計書

開発会社

協力会社

COLUMN　提案書を提出する前に行うこと

　新しいシステムを提案するときには、必ず開発予算と開発規模の提出が求められます。「提案するシステムをいつまでに開発できるのか？」「金額はどれくらいかかるのか？」という問い掛けです。

　すでに、できあがった製品を売るのであれば、原価や売上目標から概算することも可能ですが、まだできあがっていない製品、とくに請負契約のような一品ものの場合には、予算と金額をどのように決めるのかが迷うところです。一括した請負契約の場合は、プロジェクト予算の超過は、即赤字に直結するため慎重に計算しておきたいところです。

　システムの概要が大雑把であれば、要件定義と設計以降の実装の工程に区切りを入れます。要件定義の工程では、利用者が使いたい機能の聞き取りも重要ですが、システムを開発するときの概算を出すことも重要です。受託開発の場合、既存のプロジェクトの予算や期間と比較して経験上計算することも多いでしょう。「このくらいの機能であれば、これくらいの期間と規模である」と積み上げ計算を行います。

　同時に、提案書を作成するときに、顧客自身のスケジュールや予算が関係してきます。請負を行うソフトウェア開発の都合だけでは決まらず、顧客のふところ具合も大きな要素です。そのため、システム開発の予算は高めに見積られ、顧客から提示される予算は低めになるのが常です。提案書で作成するときの予算から低めの予算に移ったときに、この減少分を含めて、ソフトウェア開発が行えるかどうかが後々の問題となります。つまり、コード量などの規模見積りと、プロジェクト予算としての金額見積りがずれることになります。

　提案書を作成するときの構想図（システム概要図など）を残しておき、何を削除して減額をするのか、あるいは予算を低いままで請けるときにはプロジェクトバッファなどの「保険」となるリスク管理部分が少なくなっていることを明確にしておきます。

3-3

基本設計でシステムの概要を検討する

　要件定義をもとにして、システムの基本設計を行う中で、要件をある程度の大枠に分けて分析していくことが大切です。細かい機能をいきなり見積ったり、設計したりするのではなく、おおまかにシステムを分類していきます。最初のうちは、システム全体の構成のバランスを見るように細分化を行うとよいでしょう。

▶▶ 見積りの根拠となる基本設計

　顧客に『提案書』を提出するためには、要件定義を行った後で、システムの概要を検討する**基本設計**に取りかかります。

阿部　「この基本設計というのは、どのようになるのでしょうか？」

加藤　「基本設計は、見積りの**根拠**になると考えてくださって結構です。最終的なシステムがどのような要件を実現していくのかを記述したものになります」

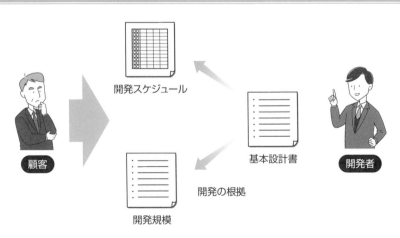

見積りの根拠を示す

開発スケジュール

基本設計書

顧客

開発規模

開発の根拠

開発者

阿部 「あぁ、なるほど。このようなシステムになるわけですね」

加藤 「えぇ、そうです。『パソコンで伝票入力を行う部分』と、『入力された伝票
のデータを使って分析する部分』をシステム化します」

阿部 「2つに分けたんですね」

加藤 「これらをどのようにシステム化すればよいかが、基本設計で書かれていま
す。要件を定義する段階では、様々な業務が混在している状態ですが、実
際にソフトウェアとして実装されると、**いくつかの機能**がまとまって作成
されたり、表面には見えなくても、システム運用には外せない機能が出て
きます。たとえば、車の内部構造みたいなものなのでしょうか。概算にな
るのですが、そのような目に見えにくい中身の部分を、システムの概要と
して設計したのが基本設計になります」

コンポーネント図の例

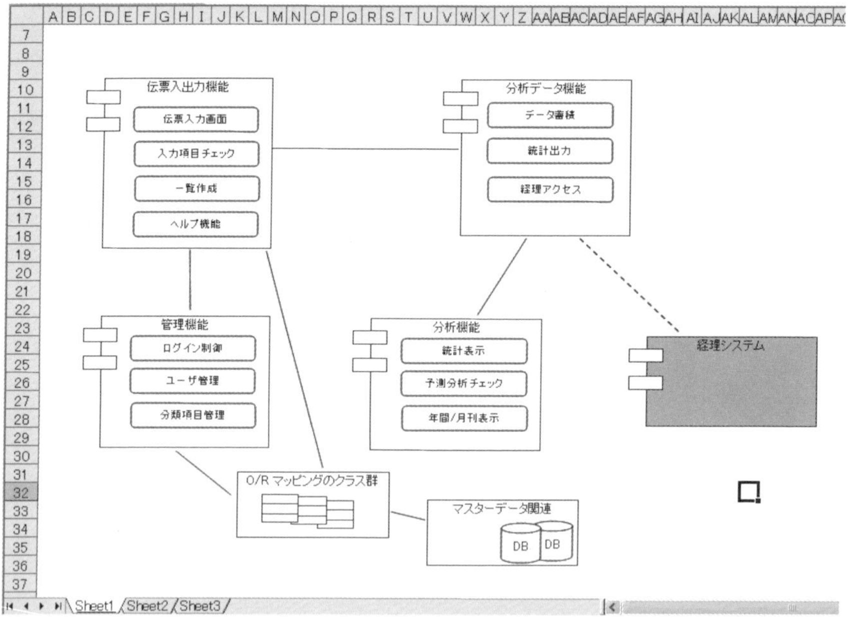

阿部　「ええと、このデータ分析の部分なんですが、拡張とかできますか？　また、新しく機能を追加すると、大幅な変更になるとか、そういうことになってしまいますか？」

加藤　「このデータ分析の部分は、現状の伝票の形式に合わせて最適化しようと考えています。もちろん、ある程度の拡張性はあるのですが、想定の範囲外の機能を追加する場合は、手間がかかってしまいそうな気がします。そのあたりは、どうなんでしょうか？　近々、新しい分析方法や機能が追加される事態が考えられるのでしょうか」

阿部　「えぇ……実は少し考えています。今までは伝票の分析を紙ベースで行っていたので、分析しようとしても作業量が多くなってしまって、あまり時間をかけられませんでした。一つひとつ帳簿をチェックしながら、Excelで分析していたんです。それでデータの分析方法も2つぐらい、しかも簡単な分析しかできませんでした」

伝票分析をシステム化する

今まで　　　　　　　　　　　システム化

伝票の整理　　　　　　　　　伝票の電子化

顧客　　　集計作業　　　　　　　　　　データ化

分析結果　　　　　　　　　様々な角度で分析が可能

加藤 「そうなると、時間的な余裕があれば、データ分析も拡張する可能性が高い
　　　 ということですね」

阿部 「そうですね。今のままで分析を行ってもよいのですが、せっかくならば効
　　　 率化できた時間を利用して販売記録を再点検してみたいと思っています。
　　　 それが販売ルートの分析になったり、売上状態の分析になったりすれば大
　　　 助かりです。そのあたりは、いくつか想定しているものがあるので。まだ、
　　　 お話していませんでしたが……」

加藤 「となると、この分析用のデータは、拡張性に余裕を持たせたほうがよいで
　　　 すね。今のままでも、多少の拡張性の余裕はあるのですが、近々というお
　　　 話であれば、そのあたりも見込んだ設計の修正をしておいた方がよさそう
　　　 です。若干、規模見積りの金額が変わってしまうと思うのですが、そのあ
　　　 たりは大丈夫でしょうか」

阿部 「えぇ、当初の予算との兼ね合いもあるのですが、長く使えるシステムのほ
　　　 うがよいので、一度、見積りをしてもらえませんか。その金額を見た上で、
　　　 もう一度検討したいと考えていますので」

加藤 「了解しました。この部分の基本設計を見直して、**開発見積り**を調節したい
　　　 と思います」

開発見積りの例

ソフトウェア開発見積書

イオマンテ株式会社

（単位 千円）

項目	単価	人月	小計
要件定義	1500	1	1500
外部設計	1500	2	3000
内部設計	1200	3.5	4200
実装	1000	15	15000
試験	800	10	8000
運用試験	800	3	2400
その他技術支援	1200	3	3600
管理費	1500	5	7500
		計(税別)	45200

基本設計と見積り

基本設計は、見積りを顧客に提出し、納得していただく際の根拠にもなります。

システム開発（ソフトウェア開発）見積りに関しては、設計や開発経験がモノを言う場合もありますが、ファンクションポイント法などの技法を使うことにより、ある程度の見積り精度を上げることができます。

また、基本設計の作成では、『ユースケース図』を利用することもあります。この一覧から、ある**まとまり**（コンポーネント）を見出して、機能やサブシステムにまとめていきます。この単位で要件定義や基本設計をまとめておくと、見積りをしたときに、それぞれの整合性が取りやすくなります。

ただし、小規模の開発案件では、これらの恩恵はあまりないかもしれません。規模が小さい場合は、要件定義と基本設計を同時に行ったほうが効率的でしょう。

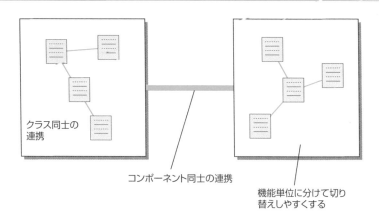

コンポーネント（部品）の利用

クラス同士の連携

コンポーネント同士の連携

機能単位に分けて切り替えしやすくする

加藤 「遅くなりましたが、これが『提案書』になります。併せて、こちらが『要件定義書』と『基本設計書』です」

阿部 「早速、ありがとうございます。あぁ、なるほど、最初の要望の部分が、このようにシステム化されるわけですねぇ」

加藤 「そうです。最初は、漠然としていますが、具体的にシステム化するとなると、こういう形で導入することになります」

※**ファンクションポイント法**……ソフトウェアの機能の開発の複雑さなどを「ファンクションポイント」という点数に置き換え、すべての機能の点数を合計して開発規模や工数を導き出す手法。

阿部 「システム開発というと、目に見えないところが多くて、いまひとつ分からないのですが、こういった図面のように出してもらえると、イメージが掴みやすいですね。最終的に運用するときのイメージが想像できますし、何に対して投資をしているのかが分かりやすい感じがします」

加藤 「**マスタースケジュール**や当初の**予算**との兼ね合いはどうでしょう?」

阿部 「この予算で、この規模で、というところでイメージは合っていると思います。最初の予想よりも若干高いところがあるので、ちょっと検討させてください。社内のほかの担当者と細かい点を確認します」

加藤 「金額が高いところは**機能削減**という方法もありますが、弊社としては費用対効果を最大限に考えて見積りしております。よろしくご検討をお願いします」

阿部 「分かりました。社内での検討をお待ちください」

機能削減のポイント

システム内で複雑に絡み合っていると、削減がしづらい

設計段階でコンポーネント化を意識しておく

部品を切り取る感覚で規模の再見積りをする

▶▶ 機能の整合性

　基本設計の**細分化**のメリットとして、機能削減などによって再見積りがしやすくなることが挙げられますが、ほかにもメリットがあります。

　基本設計の後には、外部設計や内部設計などの工程が控えていますが、せっかく機能を細分化しても整合性が取れていないと作業がなかなか進みません。このときに基本設計の段階で、おおまかな整合性が取れていると後の工程がスムーズに動きます。

　基本設計の細分化は、システム全体を見渡した「トップダウン形式」の視点による細分化と、すでに分かっている重要な要件から「ボトムアップ形式」で機能を細分化、もしくは列挙していく2つの作業が重要になります。

　この2つの視点で細分化した機能の整合性が取れていると、この後の外部設計や内部設計、試験工程での仕様変更や手戻り作業を減らすことができます。

COLUMN

自分たちのために要件定義を作る

　受託開発であってもパッケージ開発であっても、なぜそのアプリを作るのかが重要になってきます。サンデープログラマーのように、趣味でプログラミングを行い、作ったプログラムを友だちに披露したり、インターネット上のStoreで公開したりすることもできますが、確実に「売る」ことを求められるソフトウェアに対しては、明確に「ソフトウェアを作る目的」が存在します。

　経営的な判断からすれば「ソフトウェアを作って儲ける」ことが必要なのですが、それにはまず価格相当のサービスを提供することが必要になります。

　そのソフトウェアを使うと「どのようなときに、何が便利になるのか」「どんなことができるようになるのか」「どのような仕事を効率化できるのか」ということを明確にしなければ、機能ばかりが多いアプリになってしまいます。

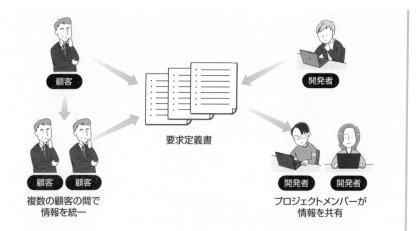

複数の顧客の間で
情報を統一

プロジェクトメンバーが
情報を共有

　ある程度、老舗のアプリであれば、従来の顧客がソフトウェアのアップデートを行うことで会計的なアドバンテージを得られますが、他社のアプリが参入してくれば徐々に市場のシェアは下がってしまいます。

　そのためには、開発するソフトウェア/アプリに対して「何に顧客が対価を支払うのか」が重要になります。Webサービスで広告収入を得る場合は、「どのようなスポンサーが何を期待するのか」ということです。

　筆者もそうですが、ソフトウェアを開発するときには、この最終的な「売る」という目的を忘れがちです。アプリの最優先事項である機能が「最大限の効果」を発揮するようにソフトウェアの設計をすることが大切です。また、ほかの機能を追加する場合には、最優先の機能を妨げないかを常に考える必要があります。

　受託開発では、顧客への「契約」もあるので要件定義は膨大なものになりやすいですが、社内で開発するパッケージアプリやWebアプリでは、それほど形式にこだわる必要はありません。できれば、A4用紙数枚に収まる程度の簡単なもので十分でしょう。

　いくつかのアプリの目的を書いた後に、機能要件や機能外要件を書き連ねておきます。想定する利用者（ペルソナなど）を記述しておけば、後で要件定義を追加するときの参考になるでしょう。

　こうすることで、プロジェクトメンバーが増えたとしても、最初の目的を複数のメンバーが統一して持つことができます。たとえ1人プロジェクトであったとしてもメモ程度に残しておくと、開発途中に目的とズレた機能をアプリに潜り込ませずに済みます。

第 4 章

システムの検討②
──外部設計

外部設計ではシステムやソフトウェアの構成を、利用者の視点で検討していきます。全体のアウトラインを決定し、システムやソフトウェアを利用するときの画面やメニューなどの操作バランスを考慮します。

基本設計から外部設計へ

基本設計で確認した事項を、実際に利用できるところまでブレークダウンしていきます。このとき、基本設計にある設計思想をうまく引き継ぐことが重要です。

▶▶ 開発工程の管理者

無事、文房具販売のシステム化を受注した加藤さんは、会社に帰って設計者（アーキテクト）の**桜井さん**と設計の相談をしています。

今後、加藤さんは、**プロジェクトマネージャ**として、プロジェクト全体を統括します。『提案書』で提出した開発スケジュールや開発規模に沿って、プロジェクトの進捗状態や最終的なリリースの確度を確認する仕事をします。

一方、桜井さんは、システム化の設計を行うと同時に、**プロジェクトリーダー**として動きます。最初の外部設計は、桜井さんだけで行いますが、その後に続く内部設計や実装などは、数名のチームで動くことになります。そのときに、チームの設計・実装などの進捗状況の把握、調節などを行っていきます。

プロジェクトマネージャとプロジェクトリーダーの役割

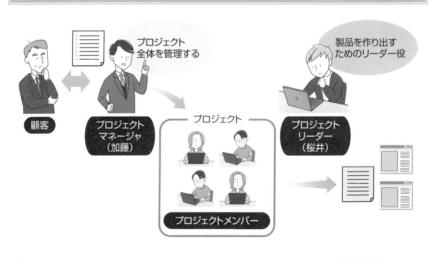

▶▶ 基本設計から外部設計へ

　実は桜井さんは、**基本設計**には参加していません。参加していれば開発の内容を把握できましたが、前のプロジェクトの関係もあり、文房具販売システムのプロジェクトへの参加は、外部設計からの参加になってしまいました。

　桜井さんは、これから要件定義や基本設計を把握することになり、その中で書かれていることを外部設計に引き継ぐことになります。桜井さんと、プロジェクトマネージャの加藤さんの会話を見ていきましょう。

加藤　「どう、基本設計書を読んだ感じでは、なんとなく理解できる？」

桜井　「まだ、読み込みが浅いのかもしれませんが、一通り、要件定義書と基本
　　　　設計書は目を通してみました。設計思想も分かりやすいし、そんなに複雑
　　　　なものではないと思います」

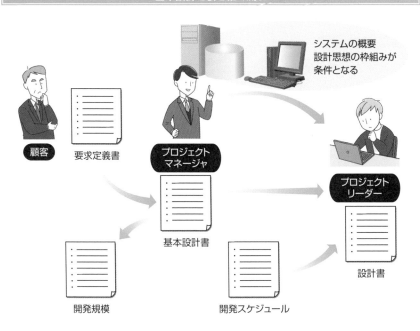

基本設計を引き継ぐ流れ

システムの概要
設計思想の枠組みが
条件となる

顧客　　要求定義書　　プロジェクトマネージャ　　プロジェクトリーダー

基本設計書　　設計書

開発規模　　開発スケジュール

加藤　「それはよかった。見積りはどう？　人によってばらつきがあるから、ちょっと心配なんだけど……」

桜井　「ざっと見た印象ですけど、あまり不安な点は少ないですね。基本設計自体に導入するときの注意点などが書かれているので、それを参考にしていましたが、バッファ※の範囲内で収まると思います」

加藤　「お客様の要望については、『要件定義書』に十分記述されていると思う。あと、業務分析をしたときの資料として、『アクティビティ図』や『ユースケース記述』もあるので、それらを使って、システム試験や運用試験の規模を想定できると思う。そのあたりも大丈夫そうかな？」

桜井　「そうですね。完全な見積りとしては、外部設計を終えて内部設計を始めた頃に分かると思うのですが、大きな問題はないと思います。要件定義の中で、完全な漏れが出てくると別なのでしょうけど、『アクティビティ図』を見た限りでは、要件との整合性も取れているし、比較的範囲は分かりやすい状態ではないでしょうか」

▶▶ 重要な設計思想

　基本設計から外部設計、内部設計と引き継がれる中で、開発の中の**設計思想**を重視する場合があります。これは、基本設計を根拠として見積りを行うときの、漠然としたものですが、土台になるからです。

　『提案書』を提出する段階では、まだシステムの全体像が明確にならないことがあります。見積り段階で、設計を終了させてしまうことも可能ではありますが、様々な制約があり、なかなかそういうことはできません。

　そういう場合には、経験や手法や思想に従って開発規模の見積りを立てるわけですが、この最初に使用した設計思想から外れてしまうと、後の設計のボリュームやシステムの規模、その後の難易度がかなり変わってきます。

　ある程度の**ブレ**であれば、プロジェクトの開発スケジュールや予算として、リスク分のバッファを含みます。しかし、常にバッファを含んだままでは、ムダなコストがかかり、あまり好ましい状態とは言えません。

　そのような中で、設計や実装作業が引き継がれることが少なくないため、どの

※**バッファ**……緩衝の意。

ような設計思想のもとに『基本設計書』が書かれているのかを確認しておくことも大切です。

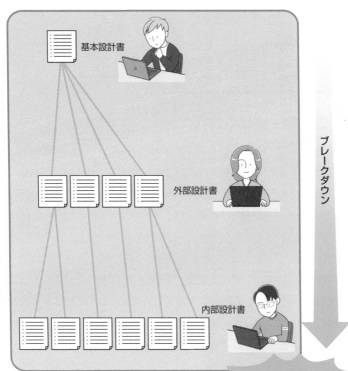

設計思想を重視する

見積りを行ったとき、設計思想に従って具体化していく

基本設計書

外部設計書

内部設計書

ブレークダウン

枠から外れる
当初の見積りから
外れることになるので注意！

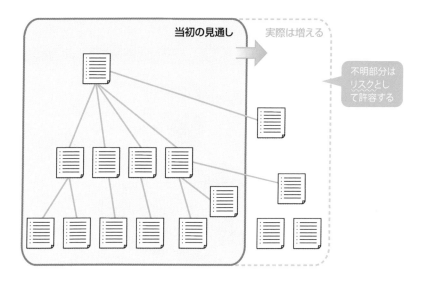

設計思想と成果物・情報の流れ

　このような設計思想は、前述した「プロジェクトの流れ」「成果物の流れ」「情報
の流れ」として表すこともできます。プロジェクト自体は、単純な時間軸の中でプ
ロジェクトマネージャやプロジェクトリーダーの下で統制されていくものですが、
成果物や情報の流れは、別の視点が必要になってきます。

●成果物の流れ

　成果物の流れでは、顧客の『要求定義書』を受けて、『要件定義書』と『基本設
計書』等を作ります。これまでの用例の流れでは、この2つが『提案書』を形作り
ます。『アクティビティ図』や『ユースケース記述』が資料として残っていれば、『要
件定義書』を作成する段階で重要であったことが分かります。

　また通常、『要件定義書』や『基本設計書』を根拠として、開発スケジュールや
開発規模の『見積書』が出されます。

　この後に、これらの文書をインプットとして受ける形で『外部設計書』が作成さ
れていきます。

成果物の流れ

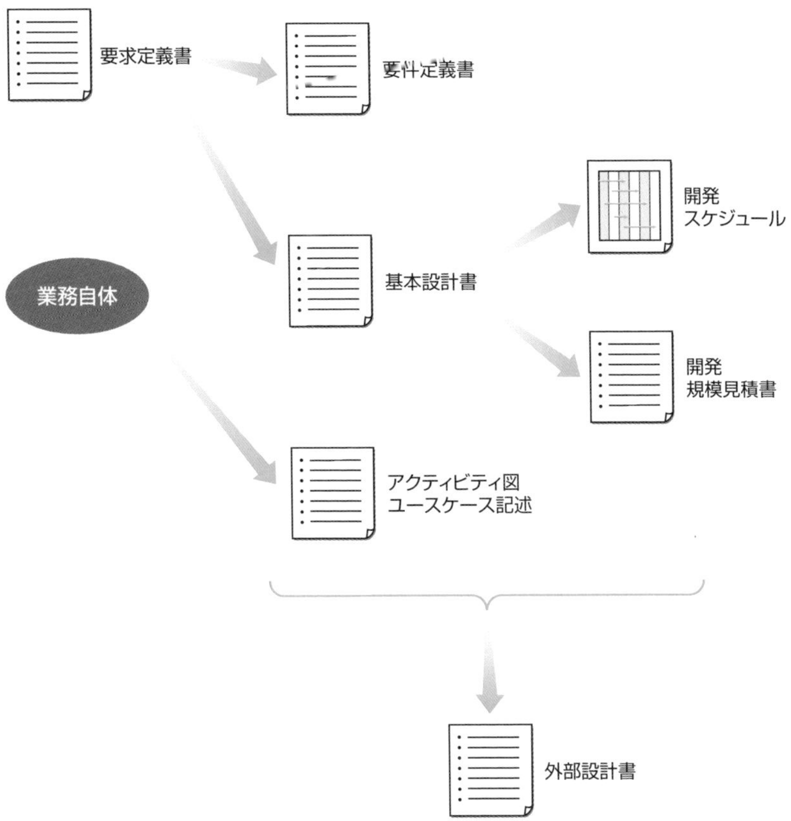

要求定義書 → 要件定義書

業務自体

基本設計書 → 開発スケジュール

基本設計書 → 開発規模見積書

アクティビティ図
ユースケース記述

外部設計書

●情報の流れ

　同時に**情報の流れ**は、ほぼ成果物の流れと同じにはなりますが、目に見えない流れとして意識しておく必要があります。設計思想のように、基本設計を形作るときに重要になった情報は、文書として残されているわけではありませんが、プロジェクトの成否を決める見積りやスケジュールに大きく関わっています。

　コンポーネント化や分類に関しても、最初の設計思想を無視してしまうと、意図したものと違う外部設計を行ってしまうため、当初の見積りの根拠とは異なる、別の根拠を持つことになってしまいます。

　このあたりの調節や確認は、非常に重要なものです。消えてしまいそうな情報は、できるかぎり『メモ』として文書の中に残しておくとよいでしょう。

情報の流れ

設計思想

設計者

基本設計書

マスター
スケジュール
予算

開発規模
見積書

外部設計書

設計思想を外してしまうと、
見積り根拠を見失う

設計者

COLUMN 外部設計とファンクションポイント法

　画面のレイアウトなどを決める外部設計では、ファンクションポイント法を利用して、コード量などの規模見積りが可能になります。

　ファンクションポイント法は、IBMが利用した方法で画面の入出力要素やファイルアクセス、印刷機能などを数え上げ、予想されるコード量に変換するという方法です。プログラム言語に大きく依存するため、現在では直接使われることはないでしょうが、少しアレンジをすると、次のような規模見積りや進捗測定に利用できます。

・画面数の数え上げ
・画面にあるボタンやテキストボックスなどの数え上げ
・データベースアクセス時のテーブル数や呼び出しSQLの数え上げ
・Web APIなどのネットワークアクセスの数え上げ

　コード量の見積りを行う場合、個人の経験や勘などが大きく作用し、複数名のプロジェクトでは大きなズレが生じてしまいます。特に未経験者の場合、コード量を少なく見積ることが多く、「実際に作成したコード量＝作成時間」が大幅にズレてしまうことも稀ではありません。できるだけ個人に依存させないように、画面の要素を「数を数える」という単純な方法を使います（複雑度を加味することもできますが、もともとあまり正確ではないので、大雑把に計測します）。

　数え上げた要素数を過去のプロジェクトと比較します。画面要素が2倍であれば、単純に規模が2倍であると勘定します。相対的に観察することで、以前の経験をうまく活用できるのがファンクションポイント法の良いところです。画面のあるシステム開発限定ではありますが、活用してみてください。

4-2

外部設計における視点の重要性

外部設計は、利用者の視点で作成します。また、システムやソフトウェア内部の動作は、内部設計で詳細が記述されます。この2つの視点を意識しながら、画面や運用時の使い方を検討していきます。

▶▶ 外部設計の概要

前述したように、基本設計が終わると、次は**外部設計**に取りかかります。

外部設計は開発工程の1つで、導入しようとするシステムが利用者や外部のシステムに対してどのような機能や接続方法などを提供するかを設計します。

加藤 「外部設計としては、どんなものを作成する予定になりそう?」

桜井 「そうですね。論理設計図として、一通りは作成することになると思うのですが、まぁ、アプリケーション設計、データベース設計、簡単なネットワーク設計、そして画面設計という感じでしょうか。通常は、アプリケーション設計にユーザーインターフェイスとして画面設計を入れてもいいんでしょうけど、今回は別に書いていきましょう」

外部設計の論理設計図

外部設計書

アプリケーション設計　　　　ネットワーク設計

データベース設計　　　　画面設計

など

加藤　「と、いうと？」

桜井　「お客様がパソコン自体に慣れていない、というものあるのですが、画面の動きとアプリ内部の動きを別々に記述しておくと、『テストが複雑化しない』というメリットがあるんです。今回のように小規模なシステムだと、デスクトップアプリをざっくりと作成しても問題ないとは思うのですが、データ分析の拡張などが想定されるなら、あらかじめインターフェイス部分はきっちりと分離したほうがいいと思います。このあたりは、『基本設計書』には書かれていないことなのですが、特に規模が大きくなることはないと考えられます」

加藤　「そうたね。ただ、画面に関しては、お客様に見てもらわないとうまく決定できないところもあると思う。あと、見積り的には、画面のプロトタイプを見せることになっているんだけど、そのあたりはどうかな？」

画面のプロトタイプの例

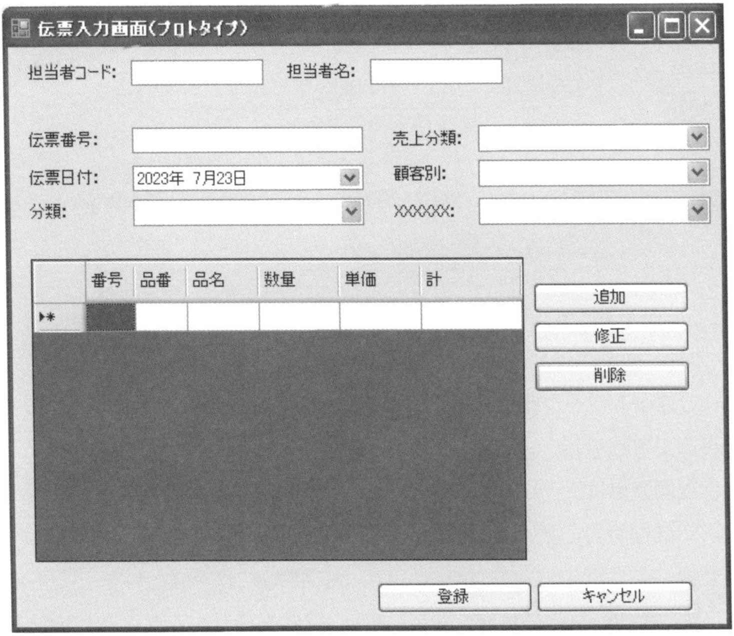

桜井 「プロトタイプは、外部設計と平行して実装していきましょう。本来なら画面の細かい項目は、内部設計に入ってからでもいいのですが、プロトタイプを操作してもらって、操作感に慣れておくのも大切だと思います。現段階では決定ではないけれども、と念を押してですが……。まぁ、動きのイメージを掴んでもらって、使用感をフィードバックしてもらうのがいいと思います」

▶▶ 設計のポイント

外部設計で**データベース設計**を行う場合は、どのように外部と接続するか、つまり、「ファイルでデータを転送するか」「SQL文で処理するか」「どのようなデータをいつ送受信するか」などを決定します。

また、バッチ処理などの設計も入るので、この外部設計でデータベースの論理設計なども同時に行うことになります。

データベース設計（テーブル定義書）の例

テーブル定義書

論理テーブル名	従業員テーブル
物理テーブル名	mt_member
テーブル概要	従業員マスターテーブル

論理名	物理名	Key	データ型	長さ	外部キー	null	その他定義	概要
従業員ID	user_id	主	int	11		n		
社員ID	mt_stid		int	11	mt_smid(staff_id)			人事システム用ID
パートナーID	mt_pnid		int	11	mt_pmid(partner_id)			人事システム用ID
削除フラグ	d_flag		int	2		n		
作成日	cdate		datetime					

同様に、**ネットワーク設計**では、外部との接続方法やシステム内部のリソースなどの論理設計などを行います。

また、**画面設計**は、データベース設計やネットワーク設計と違って、かなり複雑です。まず**論理設計**の視点として、「画面に表示する項目」や「帳票で印刷する項目」が必要になります。人、つまり利用者が直接触れる画面として、「○○の入力を行うための画面」などの表題を付け、動作の概要を設計しておくことが重要です。

具体的に入力する「項目名」や「入力位置」などは、内部設計として行ったほうが全体の統一性が高まります。

　また、顧客の要望を分かりやすくするために、画面イメージを先行して提出する場合があります。このような場合には、画面の遷移や利用者の操作方法を調節することに焦点を絞り、具体的な項目の有無や配置、色などは省いておくことが必要です。

　その一方、利用者の操作方法に重点を置きすぎると、細かい部分に目が行きがちになり、全体の動きを見失ってしまいます。そのような状況になると、細かい調節に時間を取られてしまい、肝心の全体の整合性を合わせる仕事がおろそかになってしまいます。

　画面のプロトタイプに関しては、ペーパープロトタイピングのように紙を使って説明を行うか、WordやExcelの部品を使った画面で紙芝居を行うとよいでしょう。

画面設計書の例

	A	B	C	D	E〜
1	画面設計書				
4	管理番号	SK-D-0154			
5	画面名	伝票入力画面			
6	概要	文具の配送手配時に使用する伝票入力画面			
7	詳細	配送や分析時にデータが使い回せるように付加情報を追加する			
8		入力が容易になるように検索時に自動入力可能な項目は自動で、			
9		入力されるようにする。			
12	入力項目				
13	主画面				
15	項番	名前	入力方法	概要	
16	1	伝票番号	自動	自動採番	
17	2	伝票日付	自動or手動	デフォルトは今日の日付	
18	3	顧客番号※1	検索or手動	検索か手動で入力できるようにする	
19	4	顧客名	自動	顧客番号入力時に自動入力	
20	5	支店番号	自動or手動	顧客番号入力時に自動入力し、変更可能な状態にする	
21	6	担当者名	自動or手動	顧客番号入力時に自動入力し、変更可能な状態にする	
22	7	品番※2	検索or手動	検索か手動で入力できるようにする	
23	8	品名	自動	品番入力時に自動で検索し入力	
24	9	単位選択	手動	ダースやグロスなどの単位	
25	10	数量	手動	数量	
26	11	数量単位	自動	数量の右に自動表示	
27	12	単価	自動	顧客番号と品番と単位から自動的に取得	
28	13	小計	自動	自動で計算して表示	
29	14	サイズ単位	自動	配送用付加データ	
30	15	サイズ	自動	配送用付加データ	
31	16	配送種別	自動	配送用付加データ	

Sheet1 / Sheet2 / Sheet3

▶▶ 利用者の視点を忘れずに

外部設計では、設計者としての視点だけでなく、利用者の視点からも設計を検証してみることが大事です。一般的な利用者の操作内容や操作手順を考えた上で、例外処理やシステム整合性についても検討してみます。

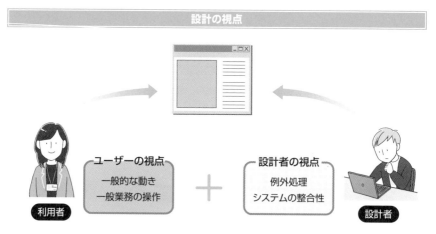

加藤 「外部設計の具合はどうかな?」

桜井 「ユーザーインターフェイスを含めた画面設計は、クリアできそうです。ただ、『アクティビティ図』に照らし合わせて、画面操作の雰囲気を設計しているのですが、いくつかの例外事項が見つかりそうです」

加藤 「そうなの?」

桜井 「伝票を入力して、その後にチェックする画面なんですが、別のマスター画面で修正したときの表示が利用者には分かりにくいと思っています。この部分の『ユースケース記述』を書いてみたんですが、手順が少し複雑すぎて、今の流れでは難しいかなという感じなんですが、どうでしょう?」

加藤 「う～ん、そのあたりは、検討済みだと思ったんだけど、漏れたのかなぁ」

桜井 「漏れというよりも、『基本設計書』や『ユースケース記述』だけだと発見できないところかなぁ、と思っています。最終的には運用で逃げてもらうか、それともコストをかけてフローを考え直していくか、という選択肢なんですが、どうなんでしょう? フローを変えたとしても、似たような問

題が出るような気もするので、この部分は、手作業の部分として残しておくのがいいんじゃないでしょうか」

加藤　「なるほど、その部分の重要度によるというわけか。このあたりは、お客様に相談してみるよ。何かの代案を思い浮かぶかもしれないし、実は重要なのかもしれないし、こちらでは判断できないので」

桜井　「よろしくお願いします」

COLUMN　## プログラマーの役割

　プログラマーは、ソフトウェアをすみやかに構築して顧客へ提供することが第一の役目となります。

　システムを構築するために、基本設計から外部設計、内部設計を作成し、それぞれの詳細な機能に分割していきます。コードを作成するときには、プログラマー内での知識や経験の共有が必須になります。そのためにレビューが必要です。

　また、試験工程を補佐する形で、単体試験を実行しておきます。

外部設計での問題への対応

システムやソフトウェアの見た目、利用する手順を具体的に調節するために、「プロトタイプ」を利用して、要件との対応を確認しておきます。あらかじめ、要件を判断基準として確認しておくと、システム全体の肥大化を防ぐことができます。

▶▶ 問題の洗い出し

受託開発であっても、『要件定義書』を出してスケジュールと予算が決まった段階で顧客と離れてしまうわけではありません。

プロジェクトマネージャやプロジェクトリーダーには、開発の進捗状況だけでなく、プロジェクト内にある疑問や問題を顧客に問い合わせたり、逆に顧客からの要望（仕様変更など）をプロジェクトメンバーに説明する仕事が待っています。

設計を進めていくうちに、『アクティビティ図』や『ユースケース記述』だけでは判断できなかった問題が浮き上がってきます。それらは、境界値の事項であったり、非常に稀な事項であったりすることが多いのですが、システムにした時点で厳密になるため、それらを手作業でカバーできないことがあります。

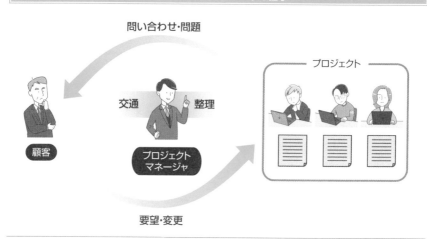

プロジェクトマネージャの仕事

問い合わせ・問題

交通　整理

顧客

プロジェクトマネージャ

プロジェクト

要望・変更

　このような状況を未然に防ぐには、**設計のレビュー**を段階を追って綿密に行うことで、徐々に問題を洗い出すことが必要になってきます。

　もし、なんらかの問題が発生したときに、「開発者側で判断が可能なものなのか」、それとも「顧客に助けを請うような形で、判断を仰ぐ必要があるのか」を分類する必要があります。

　そして、開発者側で解決できない問題であれば、適切に外部との接触を行い、その記録を残しておく必要があります。それは、質問の記録（**質問票**）であったり、仕様変更の記録（**仕様変更依頼票**）であったりします。

　これらの記録は、契約上でも大切なことですが、プロジェクトを円滑に動かす道具としても重要なものなので、プロジェクトマネージャはしっかりと管理していきましょう。

変更記録（仕様変更依頼書）の例

仕様変更依頼票

管理番号	SP-C-0002	依頼分類		仕様変更依頼
発行元	安田様	発行先		イオマンテ株式会社
承認希望日	2023/5/31	対応希望日		2023/6/15 まで
承認者		承認日		
重要度	高	工数変更の有/無		有
影響範囲	不明、調査をお願いします			
関連資料	2023/5/31 仕様検討ミーティング議事録			
変更理由				
業務分析の漏れの発覚により、伝票入力画面の追加、及び画面遷移の変更が必要になった。				
詳細				
1. 業務分析資料 SK-F-0021 の更新				
2. 画面遷移図の更新。（4と被るが更新対象の調査もお願いします）				
3. その他関連資料の更新				
4. 影響範囲の調査				
添付資料	なし			

▶▶ 顧客の判断を仰ぐ

プロジェクトマネージャの加藤さんは、外部設計を担当する桜井さんからの質問や疑問点を解決するために、顧客の阿部さんとシステムについて、改めて打ち合わせをすることにしました。

加藤 「弊社の設計者からの仕様の質問なのですが、どうでしょう？　システム的には、致命的なものと思われますか？」

阿部 「そうですね。稀なパターンと言えば稀なんですが、これを見落としてしまうと結構、大変ですね。手作業で対応するにしても、画面的に見落としてしまうことになるので、問題が埋もれてしまいそうです」

加藤 「かなり重要な問題になりますか？」

阿部 「えぇ。会計関係なので、修正しないと『経理部で使えない』ということになりかねません」

加藤 「はぁ、それは困りますね……。となると、手作業ではなく、自動的にならないとダメという感じですか？」

阿部 「いえ、手作業でもいいんです。要は、そのときに手作業で直せる画面があればいいというだけで……」

加藤 「なるほど、そうなると、この画面の構成に原因があるのかもしれませんね。画面の切り替え時に割り込みを入れるとか、その画面に移動する方法を用意するとか、そういう解決策でも構いませんか？」

阿部 「えぇ、分かりやすければ、何でも構いません」

加藤 「多少、手順的に面倒になりますが、大丈夫でしょうか？」

阿部 「いやいや、稀なケースだから、こんな感じでいいんじゃないですか。そのあたりは当社の教育でカバーするということで大丈夫だと思います」

加藤 「ありがとうございます。そうすると、システム的にも当初の見込みからあまり変更を入れずにできそうです」

阿部 「いえいえ、こんな形で協力できるならば」

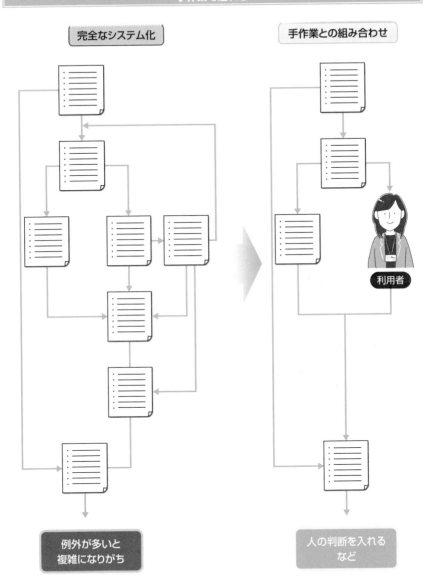

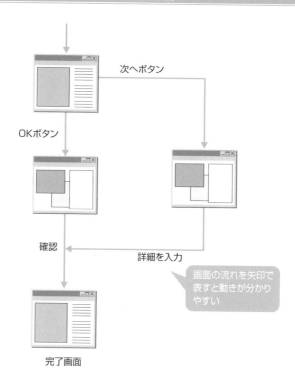

画面遷移図

次へボタン

OKボタン

確認

詳細を入力

> 画面の流れを矢印で表すと動きが分かりやすい

完了画面

▶▶ 問題にどのように対応するか

　小規模開発では、顧客にすぐに相談しやすい面がありますが、大規模開発になり、1つの要件定義を数社に分かれて設計している場合には、このような融通が利かないことがあります。

　しかし、設計から実装、試験、運用という流れを考えたとき、問題を開発者側の内部でムリヤリ解決してしまおうとすると、後から弊害が出てきてしまいます。「木を見て森を見ず」と言われるように、いきなり詳細に関わってしまうと、かえって全体の構成が見えなくなり、解決策も小さい範囲に求めがちになります。

　外部設計で、基本設計から引き継ぐ森を見ることによって**視点**を変え、まだ詳細に踏み込まないうちに解決できる問題を調査していくとよいでしょう。

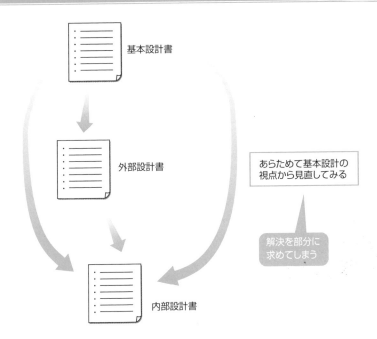

　逆に言えば、外部設計は、まだ概要しか現れていない**設計思想**と、具体的に実装へとつなげる**内部設計**とをつなげる大切なパイプ役になります。**具体化の過程**で、外部設計を記述しておくことが重要になります。

　また、外部設計では**論理設計**に注力していきます。システム開発（ソフトウェア開発）を長く続けていくと、すぐに頭に物理的な解決策が思い浮かんでしまうために、実装に即した設計をしがちになります。これは、いくつかの解決策をすでに刈り取ってしまっていることになります。

　外部設計では、「全体の構成を作る」「全体の整合性を取る」ことを念頭に、バランスを保つように行うと、次の内部設計がやりやすくなります。

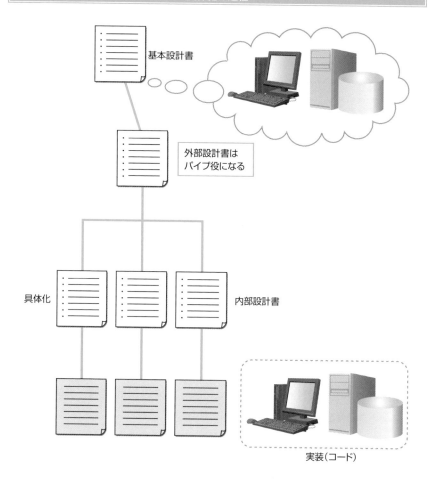

具体化の過程

基本設計書

外部設計書は
パイプ役になる

具体化

内部設計書

実装(コード)

4-4

ユーザーインターフェイスを
重視する場合

パッケージの操作は、OSの標準操作だけでなく、ショートカットや独自の操作などを拡張しなければならなかったり、利用者が使いやすいようにユーザーインターフェイスを工夫しなければならない場合もあります。

▶▶ フレームワークの選定

パッケージアプリ開発の場合は、利用者を想像しながら作るために**不要な機能の盛り込み**が多くなりがちです。新しい機能をたくさん追加したため、利用者が何をしたらよいのかが分からなくなるユーザーインターフェイスは珍しくありません。

ユーザーインターフェイスは、WindowsやMacOSなどの標準的な指針がある場合は、それらに沿って作っていくと、ほかのアプリとの違和感がなく、OSの操作とも離反しないものができます。

しかし、パッケージ独自の操作性を実現させるためには、OSの標準操作だけではうまくいかないことも少なくありません。このような場合は、メニューなどの標準的な操作はそのまま残した上で、**ショートカット**や**独自の操作**などを拡張していきます。

また、利用者についても、業務で使うユーザー（入力スピードを優先する会計システムなど）、一般的なパソコンのユーザー、お年寄りや子供などのパソコンに慣れていないユーザーなどに分けてターゲットを絞ります。

Webアプリ開発の場合は、主にブラウザ上での操作が中心となるため、あまり特殊なユーザーインターフェイスを作ることはできません。jQueryやHTML5などを使ったリッチユーザーインターフェイスを作ることもできますが、SEO対策などを含めると、標準的なブラウザアプリのほうが集客には適しています。そのため、窓口を広くとる新規顧客獲得の場合は**標準的なブラウザの動作**を提供し、会員制などの利便性を有効にする場所ではjQueryなどの**操作性を優先させる外部設計**をするとよいでしょう。

　Webアプリの場合、ユーザーインターフェイス自体が利用する**フレームワーク**に依存するパターンが多いので、画面デザインに沿ったフレームワークを選定することも大切です。

　たとえば、同じPHPという言語で作られたフレームワークの場合、WordPressとEC Cubeはフレームワークの目的が大きく違います。WordPressは、ブログや複数のページを簡単に構成できるブログシステムです。そのため、日常的な記事の追加には適していますが、商品情報の表示やユーザーのコメント欄や掲示板は不得手なところがあります。

　一方、EC Cubeは、商品販売に特化したフレームワークなので、商品を売るにはよいのですが、コミュニケーション機能を重視するのであれば、別途LINEやSlackなどのコミュニケーションツールとAPIで連携させるとよいでしょう。

　このように、フレームワークによって得意分野と不得意分野があります。昨今の技術を駆使すれば、どれも似たようなユーザーインターフェイスを作ることも可能ですが、作業量やリリースまでの期間などを考え合わせた上でフレームワークを選定することが大切です。

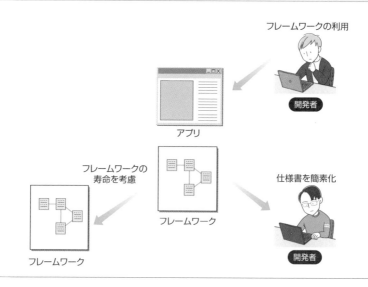

フレームワークの選定

フレームワークの利用

開発者

アプリ

フレームワークの
寿命を考慮

仕様書を簡素化

フレームワーク

開発者

フレームワーク

▶▶ フレームワークを更新して機能アップ

　パッケージアプリ開発の場合、最初のリリースのときに機関部となる**基本設計**
が終わり、その後のリリースではこの**基本方針**に従って機能を追加するスタイル
になります。基本方針≒基本設計に加えて、出来上がり具合によって、その後のリ
リース間隔が大きく異なり、不具合の頻度や修正スピードが大きく異なります。

　基本的にパッケージアプリ開発の場合は、**ライブラリの充実**や**堅牢さ**を優先さ
せます。ただし、充実度は、その後のリリース回数、パッケージの製品寿命を考え、
予算やスケジュールと付き合わる基本設計を行います。

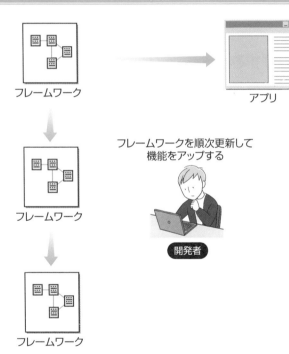

フレームワークを更新して機能アップ

フレームワーク

アプリ

フレームワーク

フレームワークを順次更新して
機能をアップする

開発者

フレームワーク

　一方、**Webアプリ開発**は、基本的なところは、LAMP（Linux+Apatche+MySQL+PHP）などの既存の組み合わせが主です。最近では、PHPを使ったフレームワークとして、WordPressやLaravelなどを使うパターンもあります。SNSゲームのような多くのユーザーを瞬時に扱う場合は基本設計をしっかりやりますが、業務アプリやWebサービス中心の開発では、もっと短期間なリリースが要求されます。

　このような場合は、既存のパッケージや公開されているオープンソースなどを利用して、**安定化**と**スピードアップ**を同時に手に入れます。

　ただし、既存のパッケージを使う場合には、パッケージ自体のリリース期間に注意する必要があります。セキュリティホールでのアップデートの場合には、更新せざるを得ない場合があるので、フレームワークのリリース間隔や対応頻度などを考えてから基本設計を完成させます。

▶▶ 設計工程で作成する仕様書

　プロジェクトを開始したら、以下の「どのようにシステム（ソフトウェア）を製作するか」を記述した仕様書を作成します。

①システム全体を鳥瞰するように記述した『**システム概要仕様書**』
②システムの構造を記述し詳細設計等の元になる『**システム構造設計書**』
③ユーザーインターフェイスの視点から記述した『**外部設計書**』
④アプリ内部の動作を記述する『**内部設計書**』
⑤システム構造の詳細を記述する『**概要設計書**』
⑥コードに対応した記述を行う『**詳細設計書**』

　このほかに『ネットワーク設計書』や『データベース設計書』などのように機器の物理的な配置やデータベースの物理的な構造（テーブル構造など）や設定など記述した仕様書を作成します。

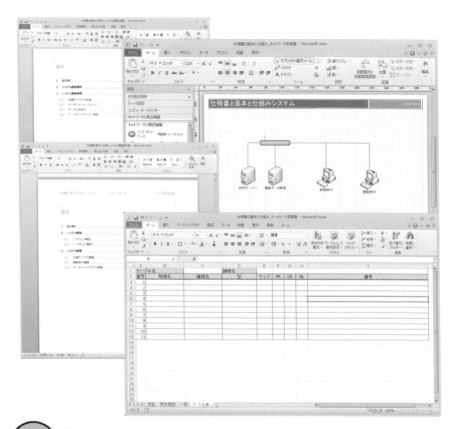

COLUMN **試験担当者の役割**

　試験担当者（テスター）は、すべての製品の品質的な問題を識別しておくことが役目になります。

　どのようなソフトウェアでも、無欠陥というわけにはいきません。この状態を出荷する前に認識しておくことが重要です。既知のバグとして後で対応できるような方法もあれば、重要な欠陥としてプロジェクトのスケジュールを調節する方法もあります。

　試験の不具合の情報は、レポートを作成してプロジェクトメンバーで共有していきます。

COLUMN **計画駆動は仕様変更を許容するのか？**

　厳密な要件定義と厳密な設計があれば、仕様変更は発生しないはずですが、残念ながらそれは理想に過ぎません。

　人命にかかわる医療機関や、修正の効かない宇宙工学のような厳密なソフトウェア設計が必要な場合は、要件定義と設計に膨大な時間を掛けることが可能ですが、一般的なソフトウェア開発は限られた予算と限られた期間に常に縛られます。つまり、コストパフォーマンスが優先されるのです。そのため、厳密性を優先させて綿密な要件定義を設計を求めるよりも、時間を区切って実装に入ってしまい、現実に問題に直面したときに軌道修正する方法のほうがコストパフォーマンスに優れています。

　一種、アジャイル開発に似ていますが、計画駆動では許容範囲を区切っておきます。特に請負契約で開発する場合には、大きく拡大するような変更は認められません。ただし、機能が同程度であれば工数の減る手段は取り込みたいものです。

　この部分が、ちょうどプロジェクトの「保険」にあたります。外部設計から実装工程の期間見積りを行うときに厳密に計算するのではなく、ある程度の余裕をとっておきます。あるいは、実装工程の各タスクに期間の長短をつけておきます。つまり幅をとっておきます。仕様変更を多少なりとも受け入れることは、顧客と開発サイドの円滑なコミュニケーションの材料となります。協調する手段としても利用が可能です。

文書作成における
注意点

文書そのものの注意点としては、正確な情報が残り、かつ誤解を生まないようにするために、文書内で使われる用語の統一や最終的な目標を一致させておくことが重要です。

5-1
顧客と開発者の用語を統一する

　仕様書は、開発者同士の情報交換のほかにも、顧客との確認事項に活用されます。顧客とスムーズな意思疎通ができるように、顧客も含めてプロジェクト内で使われる用語を統一していきます。

▶▶ 軽視されがちな文書作成

　それぞれの**文書**（**ドキュメント**）に書かれている情報を円滑に流すためには、いくつかの必須条件があります。

　最終的には、実装されたソフトウェアや導入されたシステムを運用していくことが第一目的になるため、**仕様書の作成**はおろそかになりがちです。

　しかし、その後に「システムを保守運用していくこと」、また最初に「顧客との円滑な情報交換を行っていくこと」、さらには「仕様書自体のボリュームを適正なものに保つこと」などを考え合わせると、プロジェクトを進める中で作成されていく文書作りには、注意しておくべき点がいくつかあります。

　プロジェクトマネージャの加藤さんと、顧客の阿部さんの会話から、プロジェクトで作成する文書についての注意点を見ていきましょう。

阿部　「この『要件定義書』に書かれている『分析用データ』という言葉なのですが、これはどういうものなのでしょうか？」

加藤　「これは、文房具の売上データを保存するときに、今までの売上伝票では足りない情報があるので、それを補足して、『新しく伝票とは違ったデータ形式を考えましょう』というものです。今までの業務には、なかったのですが、分析用アプリを作るためには重要なので、あらためて作らせていただきました」

阿部　「なるほど、それで、この『分析用データ』は、システムを導入して業務が新しくなったときに手間が増えるものなのでしょうか？」

加藤　「いえ、特に手間が増えるものではありません。システムの内部的に使われ

るものですね。また実際には、これから阿部さんが分析をされるときに使う新しいデータということになります。今までの紙の伝票とは違って、システム側から出力されるものなので、データというと、一見まぎらわしいような気もしますが……」

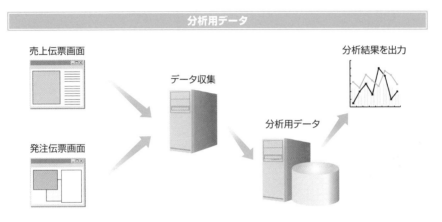

分析用データ

売上伝票画面

発注伝票画面

データ収集

分析用データ

分析結果を出力

阿部　「そうですね。売上伝票や発注伝票は、今までの紙の伝票から想像ができるのですが、『分析用データ』というのは、ちょっと想像が付きません。まぎらわしいので、何か別の名前を付けられないでしょうか？」

加藤　「『分析用データ』という言い方が、よくないのかもしれませんね。今まで、このあたりの分析作業を、どのように呼んでいたんですか？」

阿部　「分析ですか？　え〜と、単に私が売上の調査としてやっていたので、特に名前が付いているわけでもないのですが……」

加藤　「帳簿などに付けていたときのタイトルとか、そんな感じはどうでしょう？」

阿部　「あぁ、パソコンにExcelで入力しているときは、ファイル名に『月間売上分析帳簿』という名前を付けていました」

加藤　「それがいいですね。『売上分析データ』という名前であれば、今までの伝票と重なる部分も少ないですし、阿部さんが今まで行ってきた分析の作業をシステム化している、ということが分かりやすいので、その呼び名のほうがいいかもしれません」

阿部 「そうですね。そのほうが私も理解しやすいです」

加藤 「では、この部分は、『売上分析データ』に変更しておきましょう」

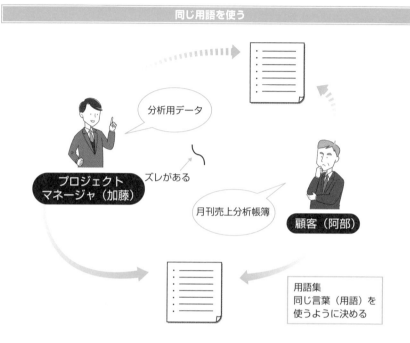

▶▶ 顧客が使う用語に合わせる

プロジェクトで作成する文書内で**用語**を統一することは、言うまでもありませんが、顧客との話し合いの中で、開発者側と顧客の認識を一致させるように、用語を調整していくことが大切です。

まず、システム開発の中では特殊な用語を使いがちですが、そのままでは顧客に意味が伝わらないことが多々あります。『提案書』を作成する段階では、顧客とのやり取りが頻繁に発生します。『要件定義書』や『基本設計書』を通じて、顧客と開発者の間を受け渡しをする言葉は、非常に重要な役割を担っています。

用語は、**用語集**という形で1つの文書にまとめると同時に、「顧客が業務で使っている用語」を開発者の側に持ち込むほうがスムーズに進みます。

　開発者側は、顧客が業務で使っている用語をうまく利用しながら、システム開発（ソフトウェア開発）の汎用的な用語にうまく置き換えていきます。そうすることで、これまでシステム開発や導入に関わったことがない顧客でも「どのような機能ができていくのか」「出来上がるシステム（ソフトウェア）でどのような動作ができるのか」ということが分かりやすくなります。

用語集の使われ方の流れ

加藤　「阿部さんから提示いただいた『要求定義書』の中で、1つ質問があるのですが、伝票の中で『販売要因』を入力する部分があります。この『販売要因』は、どのようなものを使われているのでしょうか？」

阿部　「えぇ、文房具を販売したときの伝票ですね。この伝票には、店舗で販売したときの伝票と、会社などへ送付したり、お客様のところにお届けしたと

きの伝票など、いくつかの種類があるんです。この中で『どのような場面で販売したのか』『どのような経路で販売したのか』、あるいは『文具の注文を受けるときに、どのようなまとめ方で注文されたのか』を異なる視点で分類したいと思っています」

加藤　「すでにいくつかの『販売要因』の分類があるのですか?」

阿部　「あまり正確に書かれていませんが、伝票のメモとして残っていたり、実際に担当者やアルバイトに聞いたものを部分的にまとめて書き取ったりしています。それほど正確ではないのですが、販売情報としては意外と重要で、私のほうでいくつか分析した感じでは、有効な『販売要因』がいくつかあるようです」

加藤　「なるほど。それで、今度は伝票を入力するときに『販売要因』をあらかじめ分類する項目を設定しておけば、そういう手間も省けそうですね」

阿部　「えぇ、そう考えています。どこまで正確になるのかは難しいところなのですが、今まで私が目が届かなかった部分からも情報が取れることになるので、量がたまるだけでも、かなり分析要因が増えるかなと考えています」

加藤　「そうなると、『販売要因』を入れるにしても、今までの伝票入力よりもほとんど手間をかけずに、手をわずらわせない形を考えないといけませんね」

阿部　「そうなんです。パソコンで伝票が入力できるようになったとしても、手間が増えてしまっては何にもなりませんからね。このあたりも含めて、伝票の入力方法を考えていただけるとありがたいです」

加藤　「分かりました。『販売要因の分類』として要件に組み入れておきます」

　それぞれの**業界用語**や、業務内で使われている**符号のような用語**も含めて、現在、顧客が使われている用語を元に『要件定義書』などの仕様書の用語を組み立てていくと、顧客に理解しやすい資料や情報の流れが組み立てられます。

　そのためには、顧客から提示された『要求定義書』で使われている用語をうまく汲み取る形で、要件定義や基本設計の中に組み込んでいきます。同時に外部設計や内部設計を作成していく中でも、同じ用語を引き続き使っていきます。

　こうすることによって、最初に顧客が使っている用語やその意味がズレることな

く設計や実装、そしてシステム試験などの試験工程まで引き継ぐことが可能です。

　同じ情報を共有することで、『提案書』で提示した要件から外れないように**同じ目標**を持ちながら、プロジェクトを進めることができます。

目標を一致させる

もちろん、用語に関しては最初の要件定義や基本設計の段階ですべてが出てくるわけではありません。設計書などを作っていく中で、全体として統一しておかなければならない用語がたくさん出てきます。

　それらの用語を、顧客も含めてプロジェクトメンバーが同じ意味で利用できるようにすることが『用語集』作成のポイントになります。

顧客の使う用語に合わせる

5-2

文書のつながりを考える

　各工程やプロジェクトメンバーの間でやり取りされる情報は、主に文書の中に記述されています。その中で、次のステップや工程に対して「何を伝える必要があるのか」「何を決める必要があるのか」を明確にしておきます。また、決め切れなかった不明点などは、リスクとして明示的に残しておくことが重要です。

▶▶ 文書間のバランス

　それぞれの文書は、それぞれの時点での役割があります。これは、時間軸の中でプロジェクトが進んでいく段階を追う形で、マイルストーンの1つとして出される**成果物の流れ**であったり、それぞれの文書がどのように情報を共有していくかという**情報の流れ**であったりします。

　プロジェクトの流れ的に、基本設計の後に来る外部設計や、外部設計の後に来る内部設計の流れでは、時間が経つごとに情報を詳細化・具体化していきます。

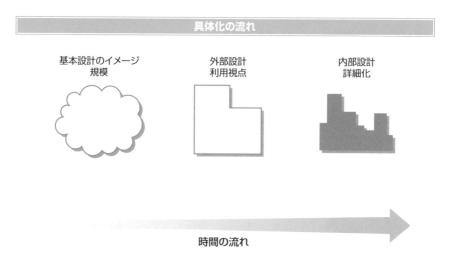

具体化の流れ

基本設計のイメージ
規模

外部設計
利用視点

内部設計
詳細化

時間の流れ

　先行する文書では、次に続く文書の前提となる事項を文中に記述していくことが必須ですが、逆に詳細に書き込みすぎると、作業的に次のステップに進みにくくなったり、時間が非常にかかりすぎたりしてしまいます。そのあたりのバランスを注意していくことが重要です。

　基本設計を担当した**鷹山さん**と、その引き継ぎをして外部設計を行う桜井さんとの会話を例に、文書間のバランスを考えてみましょう。

鷹山　「**設計思想**は、先に説明した通り、『顧客の既存システムを崩さない』ように考えているんだけど、どうでしょうか？」

桜井　「えぇ、大丈夫です。この案件の場合、すでに経理用のシステムがあって、今は接続しなくても将来的につながっていく可能性は高いんですよね。だったら、そのときに接続できるように、拡張性や余裕を持たせた感じで作ればいいですよね」

鷹山　「そうそう、そんな感じでお願いします。『要件定義書』は、加藤さんと共同で作っているので、このあたりの情報共有は加藤さんから聞いてください。文書の目次とか内容に関しての分類は、『要求定義書』に沿っているので、理解しやすいと思いますが、どうでしょう？」

桜井　「顧客サイドの視点ですから、システム的には若干ズレがあると思います。そのあたりは、どのように残っていますか？　将来的な既存システムの結合もそうなんですが、利用者が操作する画面や機能の分類の仕方とか、そういうところでは……」

鷹山　「おおまかなところは、要件定義と基本設計の中で決めましたが、それなりに**不明なところ**はありますね。システム概要の備考のところにも書きましたが、いくつかシステム的に足りないところが出てくるかもしれません。これは外部設計という形で、桜井さんが顧客へのヒアリングも含めて調査してもらえませんか？」

桜井　「分かりました。これも最初の設計思想に絡む話なんですが、『既存システムの設計思想を維持する』という方針でいいんですよね」

鷹山　「そうそう。同じ設計思想で考えたときの不明点を列記したものだと思って

ください。難点としては、ここですね。この部分がうまく切り離せれば、実装も簡単になるはず。これまでに聞いた感じでは、操作感は同じなんだけど、運用後の改修を考えたときに、このあたりをどうするか……。今の予算とスケジュールで言えば、若干厳しいので、この難点をお客様に話して調節してもらう方法もあると思います」

桜井 「そうですね。この部分は、実装方法にもよるので、今あれこれ考えても仕方がないので、全体の方針として、この先、どういう形で拡張していくのかをお客様に尋ねてみましょう」

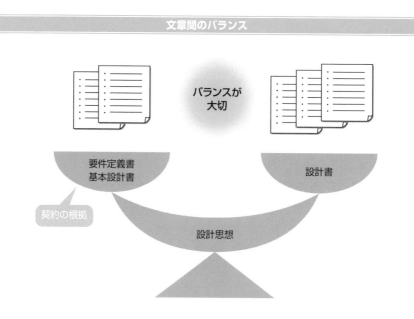

文章間のバランス

バランスが
大切

要件定義書
基本設計書

設計書

契約の根拠

設計思想

▶▶ 不明点を明確にする

　顧客から提示される『要求定義書』から『要件定義書』と『基本設計書』を作成するわけですが、この時点で、システム全体がガッチリと決まるわけではありません。

　現実的な問題として、途中の**仕様変更**もあり、最初の要件の煮詰め方の問題や、基本設計では不明であった点が難点として浮き出てくるなど、システム開発（ソフトウェア）が進む中で明らかになってくるものも多いものです。

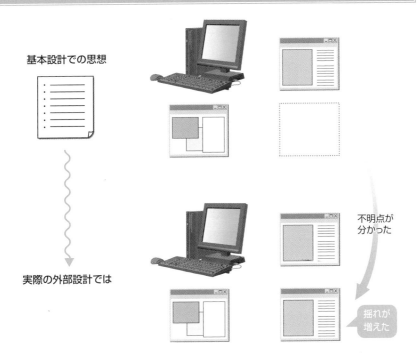

揺れを許容する

基本設計での思想

実際の外部設計では

不明点が
分かった

揺れが
増えた

　これらを回避するためには、2種類の方法があります。

　最初から厳密な計画や設計を立ててしまい、それから外れずに実行するという**厳密なプロジェクトの進め方**と、顧客の要望を取り入れながら、その都度、プロジェクトの予算と計画を組み直すという**アジャイル開発手法**です。

　しかし、どちらの方法であっても、最初のシステムの方針付け、システム（ソフトウェア）を運用した後の方向付けなどは、最初の『要求定義書』や『提案書』の段階できっちりと決めておく必要があります。アジャイル開発手法でも、最初のプロジェクトの見通しを立てるために、概算ですが開発の予算やスケジュールを計画として提出する必要があります。

　そして、そのような見通し段階であることを意識し、かつ、次のステップに対して有用な情報を残すように各文書を作成していく必要があります。

仕様変更を回避する2種類の方法

厳密に計画や設計を立てる

最初の計画を重視する

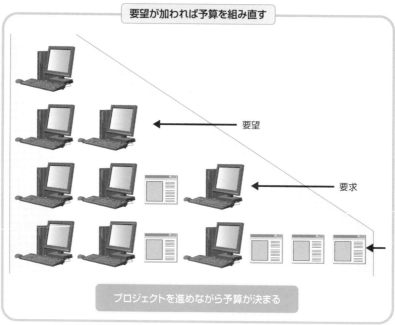

要望が加われば予算を組み直す

要望

要求

プロジェクトを進めながら予算が決まる

　場合にもよりますが、たとえば『基本設計書』で書かれるシステム概要では、設計思想をきっちりと示すと同時に、その時点での**不明点**や**難点**を別に明記しておきます。これは最初の段階では決められないことを明確にすると同時に、その後に引き継ぐ設計工程に対して、先に考慮しなければいけない情報を残すことになります。

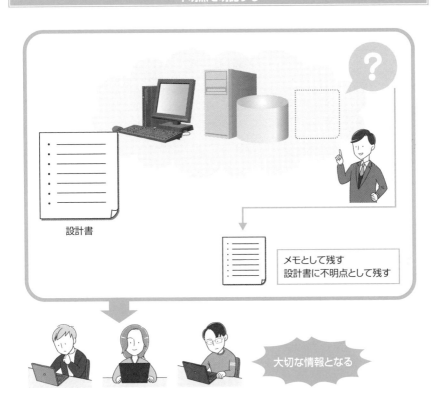

第5章　文書作成における注意点

　プロジェクトでの限られた予算と限られたスケジュールの中では、これらの不明点や難点を常に意識しながら作業をしていくことが必要です。
　プロジェクトマネージャの立場では、リスク管理としてこれらの不明点を監視していきます。また、設計者や実装者の立場では、これらの難点がどのくらいの作

業量で、いつ明確になるのかを予測しながら作業を進めます。

　このように最初の時点では不明ではあっても、プロジェクトが進む中で明確になっていく点を監視し続けることで、プロジェクトの流れは制御しやすくなります。逆に言えば、初期の段階では不明点は、きちんと不明点としてマーキングしておくことが重要になるのです。

不明点をメモにした場合の例

不明点一覧

仕様不明点

外部システム

外部システムの仕様@アプリケーション以外

- システムアカウント一覧
- ネットワーク図
    - 概略図は入手
- 配線図
    - 無いようなので作成するしかない
- 物理的なポートの空き

外部システムの仕様@アプリケーション

- テーブル構造

メモ

5-3

文書全体の流れを考える

　各文書間のつながりに関しては、前の節で説明しました。ここでは出来上がる文書全体のつながりと、簡単に流れの重要性を見ていきましょう。

▶▶ 情報の拡がりと蓄積

　開発を行う中で、情報の流れは必ずしも一方向ではありません。レビューや検証も含めた**ボトムアップ形式**のフィードバックもあれば、先行する文書の不明点を補足していく**トップダウン形式**で補助的な文書が作成されることもあります。

　しかし、おおまかな意味では、一種のトップダウンの形式で最初の『要求定義書』や『提案書』を頂点にした情報の拡がりが各文書の間にできてきます。

　「その情報の拡がりを、どのようにプロジェクトの流れの中で作成していくのか」、言い換えるなら、「先行する文書を元にして、次の文書をどのような流れで作成していくのか」を見定めることで、システム開発（ソフトウェア）の工程の中で、「プロジェクト内にどの程度の情報が蓄積されつつあるのか」、いわば、「進捗がどのくらい進んでいるか」を把握することがある程度可能になります。

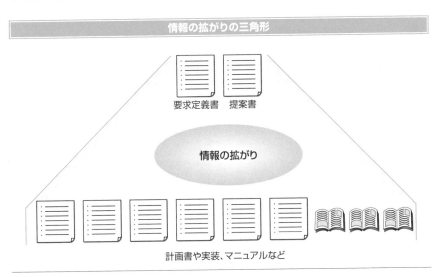

情報の拡がりの三角形

要求定義書　提案書

情報の拡がり

計画書や実装、マニュアルなど

▶▶ 流れの中でのインプットとアウトプット

　各文書の情報が全体的に絡み合っているので、それぞれの文書が完璧に作成されることは非常に稀です。たとえば、医療機器などのようなリスクの高いプロジェクトの場合、厳密な設計や実装が求められるため、これらの**文書の完全性**は非常に重視されるでしょう。

　しかし、大抵のシステム開発（ソフトウェア開発）プロジェクトの場合は、限られた予算やスケジュールの中で**現実との折り合いを付けること**が重要なプロジェクトマネジメントの1つになります。

鷹山　「先々の設計工程の話だけど、基本設計でおおまかな細分化はできているので、これを検証する構成図を作成してもらえませんか」

桜井　「はい。既存のデータベースとの絡みや伝票の印刷の関係もあるので、比較的簡単なようですけど、このシステムでも構成図は必要なようですね」

鷹山　「ただ、アプリのところは、大枠はできていますけど、4分の1ぐらいの機能に重複があるかな、という感じです」

桜井　「と、言うと？」

鷹山　「ここの伝票の出力関係なんですが、現在の要件では別々に記述してありますが、『内部的には1つになる』と思っています。あくまで予想なんですが。ただ、システム構築の安全性を見て、ここでは分離させて、別々に作成しています」

桜井　「コスト的にはどうなんですか？　この部分を別々に作ると、同じものを使うよりもコストが倍増するとか？」

鷹山　「共通部分を作れば、確かに実装的にはコストダウンできるんでしょうけど、どこまでスケジュールや予算に関係してくるのかなぁ、という不安もありますね……。このあたりは、外部設計でも分離しておいて、内部設計であらためて共通化を考える、という形になるかもしれません」

桜井　「そうですね。見てみると、ユーザーインターフェイス部分も異なるし、共通部分といっても、どこまで共通にできるのかは疑問がありますね。そのあたりは、注意しておきます」

鷹山 「一応、基本設計は部分として分かれているし、利用者が操作するという点
　　　では、システム試験は別々に工数を取っておいたほうがいいでしょうね。
　　　もちろん、『ユーザーマニュアル』としても手順が別々になるから、運用
　　　試験も別の工数を取ることになるでしょうし」
桜井 「えぇ、そのあたりは試験工程も含めて、ボリュームを考え直していきます」

　基本設計で書かれる**システム概要**では、システムの重要点を押さえ、作成する
システム（ソフトウェア）の要件を網羅すると共に、開発スケジュールや予算の確
定を行うことが目的となります。このため、内部設計のような実装的な観点で見れ
ば、重複が見られることがあります。

　しかし、これらの重複を基本設計や外部設計の段階でまとめてしまうと、システ
ム全体のイメージがズレてしまうことが多々あります。

　これは最終的に納品されるシステム（ソフトウェア）の動作や操作が、顧客の視
点から記述された『要求定義書』や『要件定義書』の内容と合致していることを
求められるため、運用試験や『ユーザーマニュアル』という視点からは、これらは
重複として扱わずに、別々のものとして記述されたためです。

設計と実装の重複

基本設計書　予算化の視点　システム像　実装の視点　内部設計書
外部設計書　利用者の視点　利用者　設計者

　基本設計では、見積り根拠などを目的として作成し、外部設計では要件を一つ
ひとつの操作や機能概要に落とし込んでいく形で記述されます。さらに拡張性や
保守性、品質、作業効率などの観点を盛り込んで、内部設計や実装として記述し
ていきます。

　そのため、それぞれの設計では、同じ情報を別々の視点で書き出していきますが、
この流れの中での**インプット**と**アウトプット**をきちんと注目していく必要がありま
す。

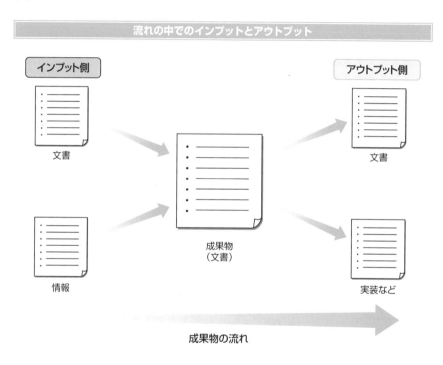

流れの中でのインプットとアウトプット

5-4
パッケージアプリやWebアプリ開発での文書や用語集

アプリやブラウザを使う利用者のために、あらかじめ『用語集』を作成しておき、それに準じてユーザーインターフェイスやヘルプ集などを作成したほうが、後々混乱が少なくなります。

▶▶ 意思統一のための用語集

パッケージアプリ開発であっても、Webアプリ開発であっても、文書の作り方は同じです。開発者側の用語の統一や、利用者との用語の統一があります。

ただし、ヘルプシステムやユーザーインターフェイスなどでは、顧客サポートも含めて用語を統一しておく必要があります。アプリやブラウザの利用者は、一般的パソコンユーザーが多いため、専門用語やアプリ特有の用語は混乱を招きます。

このため、用語解説として**開発するアプリ特有の用語集**をあらかじめ作成しておき、それに準じてユーザーインターフェイスやヘルプ集などを作成します。

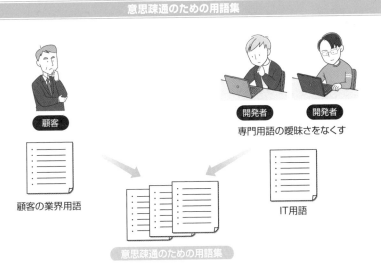

意思疎通のための用語集

顧客

開発者　開発者
専門用語の曖昧さをなくす

顧客の業界用語

IT用語

意思疎通のための用語集

　そのほかの用語については、分野ごとの専門用語（会計システムなど）やその
OSで使われている用語に合わせます。

　設計書で使われるシステム用語に関しては、受託開発と同様にいくつかの『用
語集』を作ります。ただし、Webアプリ開発のように短期リリースの場合には、『用
語集』などの文書を正確に作っていく必要はありません。なので、ほかのプロジェ
クトから流用したり、文書自体を箇条書き程度で済ませるなどの省力化が必須に
なります。

ラショナル統一プロセス風に「辞書」を作る

　ソフトウェア開発のプロジェクトにおいて「辞書」は、顧客との用語を一致させ
るものです。ソフトウェア開発では、いろいろな業種でシステム開発を行うことに
なります。顧客の業界用語をそのままソフトウェア開発に利用する場合もあれば、
何か別の用語を追加しなければいけないときもあります。

　以前は「統一ソフトウェア開発プロセス」という手法がありました。ウォーター
フォール開発やスパイラル開発を行うときに、文書とUMLを利用してソフトウェ
ア開発を制御しようとする手法です。最終的に統一プロセスの場合は、開発プロセ
ス自体が重厚過ぎてあまり広がらなかったのですが、その開発手法の中に「辞書」
を作るというプロセスがあります。この部分は、PMBOKにも取り入れられていま
す。

　顧客との共通の辞書を作ることは、開発の各工程の中でも用語が統一されるとい
うことです。たとえば、設計書の中の用語、プログラムコードのコメント、データ
ベースのカラム名、試験工程における障害票に出てくる用語などで同じものが使え
ます。メンバーがバラバラな用語を使ってしまうよりも、シンプルに顧客と同じ用
語を使ったほうが意思の疎通がしやすいと考えられます。

　ただし、注意しておきたいのは「辞書」を肥大化させないことです。本物の辞書
のように細かく説明する必要はありません。いろいろと正確に記述しようとすると、
用語集だけで膨大な量となってしまいます。文書やコードを検索したときにうまく
マッチングできる程度の用語と説明に留めておいたほうが、管理しやすくなります。

第**6**章

要素の抽出
──外部設計と内部設計

　要求定義や基本設計から、システムとして開発される要素を抽出していきます。完成されるシステムには、これらの要素が含まれるので、設計工程や実装工程を通してこれらの要素が抜け落ちないように注意していきます。設計工程（外部設計や内部設計での抽出）、利用者が操作する機能の抽出、必要ならば既存システムと連携するための仕様の抽出などが対象になります。

外部設計と内部設計の違い

基本設計の中のシステム概要をもとに、完成予想図としての構成が出来上がったら、次はシステムの中で使われる要素を導き出します。これはシステムを要素に分解していく作業になります。

▶▶ 設計の視点が異なる外部設計と内部設計

システム全体の構成から、それぞれの要素を抽出する工程は、主に**外部設計**と**内部設計**の工程です。

要件定義では、『要求定義書』やその後のヒアリングを元に、顧客が実現したい要件を抽出していきますが、その要件をどのように実装していけばよいのかを考える工程が、この2つの設計工程になります。

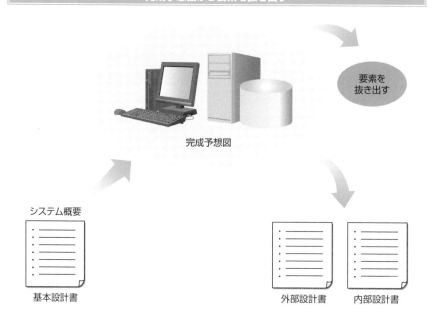

完成予想図から要素を抜き出す

要素を抜き出す

完成予想図

システム概要

基本設計書

外部設計書　　内部設計書

　外部設計と内部設計の違いを簡単に述べると、『ユースケース記述』や『アクティビティ図』から利用者の視点で項目を抜き出す作業が**外部設計**、データを保存する位置を決めたり、細かな画面の入力項目を決めるシステムの内部的な視点からの作業が**内部設計**になります。

　この2つの工程の違いは、要するに**操作する側**の視点に立ってシステムを設計していくのか、逆に**実装する側**に立ってシステムを設計していくのかの違いになります。

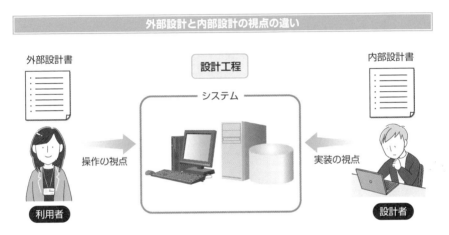

外部設計と内部設計の視点の違い

外部設計書　　　　　　　　設計工程　　　　　　内部設計書

システム

操作の視点　　　　　　　　　　　　　　実装の視点

利用者　　　　　　　　　　　　　　　　設計者

　もちろん基本設計や外部設計のように、重なる部分もあります。外部設計だけでは実装面として掘り下げられない点は、随時先行して内部設計を行う必要があるでしょう。また、小規模の開発であれば、外部設計と内部設計を同時に行わなければ工数的に見合わない場合もあるでしょう。

　ただし、システム開発（ソフトウェア開発）での「情報の流れ」を追う上では、これらの設計の違いを明確に認識しておくことが必要です。それぞれ異なる視点からシステムを設計することにより、要件の曖昧さが早期の段階で見つけられます。

　以下の会話は、プロジェクトマネージャの加藤さんが桜井さんにシステムの機能について質問しているところです。桜井さんは、外部設計の担当者として、すでに顧客の視点からシステムの分析を行っています。

加藤　「機能に関してはどうかな？　基本設計にあるシステム概要の機能で十分だとは思うけど、外部設計をする側から見たらどうだろう？」

桜井　「『アクティビティ図』や『ユースケース記述』と見合わせる限り、機能の落ちはなさそうですね。小さなシステム規模というのもありますが、『要求定義書』と要件とがうまくマッチングをしているので、そのあたりのズレはないはずです」

加藤　「それはよかった。伝票の取り回しの部分はどうかな？　同じ『アクティビティ図』の中でもいくつかの機能が組み合わさった形になるようだけど、そのあたりは、うまく分類できそう？」

桜井　「伝票入力の部分では、**画面操作**は、3種類ぐらいになりそうですね。「利用者を特定するためのログイン認証をする画面」と、「その後に伝票を入力する画面、」そして「月間の伝票を整理したり、検索したりして分析する画面」に分かれるはずです。『アクティビティ図』では、一連の流れになっていますが、システム的にはこの3つに分かれます」

加藤　「**ログイン認証**のところだけど、具体的にはどんな感じになるの？　ログイン名とパスワードを入力する方式とか、パソコン特有の数値を使って行う方式とか、いろいろ考えられるけど」

桜井　「えぇ、そのあたりは要件定義の中で見ると、1台のパソコンを複数で利用することから考えて、ログイン名とパスワード形式のほうがよさそうですね。ただし、伝票を整理したり、検索したりする権限は、一般には公開されなくて、経理部と、分析のために阿部さんしか利用しないらしいので、このあたりは**権限操作**が必要になりますが……」

加藤　「権限操作というと、具体的にどんな画面になるのかな」

桜井　「いろいろありますけど、内部的にどのように実装するかは別として、最初のログイン画面ではそれを意識させない形で十分でしょうね。特に部署で分かれているわけでもないですし、頻繁に異動があるわけでもないみたいなので、権限設定は簡易的なものでも十分だと思います」

加藤　「そうだね。利用者の視点から見れば、内部的な権限管理はどうあれ、自分たちがどのような画面を使うのかが問題になってくるからね」

桜井　「ですね。伝票に関しては、既存の伝票と、伝票を入力する『ユースケース
　　　　記述』を参考にしながら画面操作を決めていきます。機能的には、伝票入
　　　　力という1つのもので収まるわけですが、それに関するユーザーインタ-
　　　　フェイスの洗い出しをするという形で」

加藤　「よろしく頼むよ」

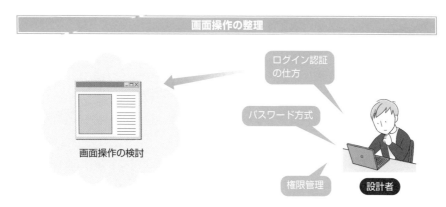

画面操作の整理

ログイン認証
の仕方

パスワード方式

画面操作の検討

権限管理　　設計者

▶▶ 外部設計での項目の抽出

　　外部設計では、**項目の抽出対象**は、『アクティビティ図』や『ユースケース記述』、
基本設計、要件定義の段階で行ったヒアリングになります。

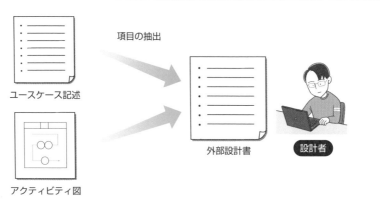

外部設計での項目の抽出

項目の抽出

ユースケース記述

外部設計書　　設計者

アクティビティ図

　もし、システム概要が機能別に分かれていれば、それに合わせて分類していくとよいでしょう。大抵の場合、要件定義から規模を見積るために基本設計を行っているので、要件定義のいくつかの項目が、システム概要の機能分類にうまく分かれる形になります。

　また、要件としては出てこない「システムを構築する上で重要な機能」も、基本設計から外部設計という流れの中で行う分類で現れてきます。これらを再確認すると同時に、具体的に『アクティビティ図』や『ユースケース記述』に出てくる項目を外部設計の中で割り振りっていくことが重要になります。

　『ユースケース記述』では、利用者の視点からの操作が書き出されます。『アクティビティ図』では複数の利用者（アクター）を交えたシステムの流れが記述されます。この中に出てくる操作画面、入力すべき項目の内容、出力するべき項目の内容を抜き出してきます。

　後から参照するのであれば、データベースの各テーブルに分類していきます。このテーブルの内容は、まとまった情報を保存するのが目的なので、細かな項目出しをする必要はありません。ただし、『アクティビティ図』を参照しながら、必要不可欠な項目はある程度、抜き出しておいたほうが便利でしょう。

機能分類に要求定義を含める

機能一覧
○○○機能
○○○機能
⋮

管理機能
保守機能

基本設計書

忘れずに要求定義に
含めること

▶▶ 外部設計での例外処理

外部設計をする上では、システム化できない**例外処理**も考慮すべきです。

この例外処理には、たとえば『アクティビティ図』の流れの中で出てくる人の手の作業も含まれています。すべての例外処理をシステムの流れで記述することも可能ですが、手順が煩雑すぎたり、チェック項目を網羅しすぎたりして利便性に欠いてしまう場合があります。

また、非常に稀な例外であり、システム化するには実装コストがかかってしまうと予想される場合があります。限られた予算とスケジュールの中に納めるために、完璧なシステム構築よりも、実運用として十分可能な品質を持つシステムを構築することが優先されることが多々あります。

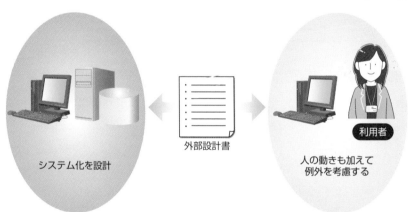

例外を考慮する

外部設計書

システム化を設計

利用者

人の動きも加えて
例外を考慮する

このような場合には、外部設計の工程で**システム化しない要点**をチェックしておく必要があります。実際には、『ユースケース記述』の中で、例外処理として記述され、手順を『マニュアル』として記録していくことになります。

これらは、システム化と運用のバランスを取るという形で、重要な設計要素の1つになります。

第6章　要素の抽出ー外部設計と内部設計

		例外を含む「ユースケース記述」
	2	人事部社員が内容を確認し、人事システムに登録する。
	3	登録されたデータは承認待ち状態になる。
	4	人事部承認者が承認処理を行う。
	5	登録されたデータは承認済み状態になる。
	6	人事部社員が登録されたデータを元に、事後処理（※1）を行う。
	7	事後処理中は登録されたデータは登録処理中となる。
	8	人事部社員が事後処理を終えた時点で、登録処理を完了とする。
	9	終了
代替系列		
4a		
	4a1	人事部承認者が承認しない場合は、業務委託従業員承認申請却下処理を開始する。
	4a2	終了
4b		
	4b1	人事部承認者が確認し、申請内容に不備が有った場合は修正依頼を出す。
	4b2	1に戻る。
注釈		
※1		事後処理とは、配属先の部署ごとによって変わる人事部で行う事前準備のこと。

▶▶ 内部設計での項目の抽出

　次に、外部設計を担当する桜井さんと、内部設計と実装を担当する**長島さん**の会話を見てみましょう。内部設計では、項目抽出の視点が変わってきます。

桜井　「販売伝票の入力部分の外部設計なんですが、これを内部設計に落としてもらいたいんですけど、どうでしょう？」

長島　「販売伝票のデータですね。データ入力だから、項目さえ取りこぼしがなければ大丈夫なんですが、そのあたりはどうです？」

桜井　「販売伝票は、最終的に**分析**という形で使われるから、それらのデータは入れる必要があります。分析機能の部分の外部設計はこっちのほうで、必須の項目はこんな形ですね。分析をする場合には、日時が重要なんですが、販売伝票の場合は、その場で入力することが多いから、その日を基準として入力項目から省いてあります」

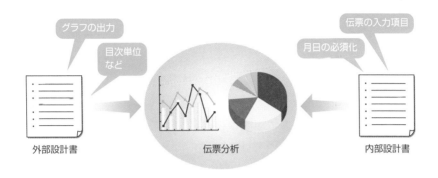

長島 「そうですねぇ。この伝票と分析の共通部分を抜き出して、テーブルを正規化していけば、そのまま両方に共通する実装ができそうですね。ライブラリとして使うことも可能だと思います」

桜井 「後々、この経理部の形式に合わせるそうです。将来的な話で、今は未定なんですが、既存の経理のシステムがあって、それに接続することを考えてテーブルの設計をしてほしいんですが、そのあたりは大丈夫ですか？」

長島 「この経理の部分は、難しいですね。将来的なものとはいっても、データレベルにするのか、コンポーネントレベルにするのか、という問題もあるし、そのあたりはどうなんでしょう？　基本設計の指針としては、どんな形になってます？」

桜井 「そうですね、設計方針としては、**過度な拡張性**は入れません。開発規模的な問題もあるし、今回は最初の利用価値が高いみたいだから、最初に拡張性を入れておくよりも、後から切り替えという形で手を入れていったほうがよさそうという方針みたいですね」

長島 「なるほど。となると、やたらにテーブルに拡張性を持たせるのは問題になりそうですね。テーブル設計自体がややこしくなって、その後の結合試験やシステム試験の手間が増えそうです。そういう視点で考えれば、ここの部分で切ってしまって、将来的にコンポーネントを切り替えて、経理システムに接続できるものと入れ替える、という方式がよさそうですね」

桜井 「そうですね。今回は、伝票入力と分析の視点だけに留めておいて、テーブル設計をするほうがよさそうです。画面からの入力データは、どんな感じでしょう？ コンポーネントで切り替えが可能になりそうですか？」

長島 「画面は、完全に切り替えというわけにはいかなそうですね。経理側での必要な項目が多そうですから、現在の伝票だけではデータ入力としては足りなそうです」

桜井 「じゃあ、今後の経理部の利便性を考えて、画面としては項目を入れておきましょう。利用者の操作感は変わらないから、後は、計画している規模に入りそうかどうかですね。このあたりは試算してもらえますか？」

長島 「いいですよ。おおまかな部分では、基本設計で見積った規模と変わらないと思うので大丈夫だとは思うのですが、試験工程もあるし、そのあたりも考慮してみます」

桜井 「お願いします」

　内部設計では、具体的にデータベースのテーブルの項目やネットワークで利用される電文（伝送データ）の詳細式を検討していきます。

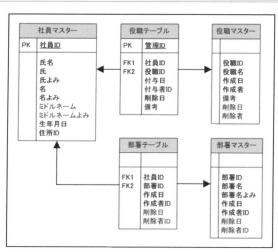

テーブル構造の例

　これらは、開発者側の視点から考慮されるものです。このため、外部設計とは異なり、**共通クラス**や**ライブラリ化**が重要視されます。既存のコンポーネントやライブラリを使った省力化や効率化も検討されます。

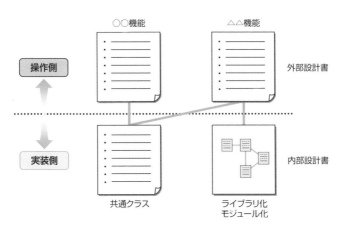

内部設計では共通化が重要視される

　外部設計の画面項目は、『ユースケース記述』などから抽出された項目を列記していきます。利用者の視点から見た場合に、たとえば、次のようなことを考えていきます。

・ どのような項目を、どのような順序で入力するのか
・ 利便性を考えたときに、どのような項目を省略してよいのか
・ データベースから抜き出して確認するのは、どのような項目なのか

　一方で、内部設計では、次のような開発者側の視点で設計を行っていきます

・ 画面から入力されたデータが、データベースの中でどのように蓄積されていくのか
・ データベースに蓄積された項目は、別の画面でどのように加工されるのか
・ データベースの効率的な動きを考え合わせた場合、どのようなテーブル構成が望ましいのか

第6章　要素の抽出ー外部設計と内部設計

　これらの両方の視点が合致したところで、顧客が提示する要件を満たすシステムが構築されます。

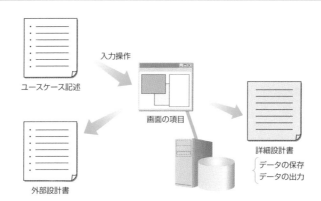

画面の項目の違い

入力操作

ユースケース記述

画面の項目

詳細設計書
データの保存
データの出力

外部設計書

　いきなり実装に着手してしまった場合には、この利用者の視点が抜けがちになります。XP*のオンサイト顧客*などで逐一、利用者に操作画面を確認してもらう手法もありますが、実際にはなかなか実現できないこともあります。

　そのような場合には、開発者側で、利用者の視点をシミュレートしつつ、どのように構築すれば品質の高いシステムになるのかを模索する必要があります。

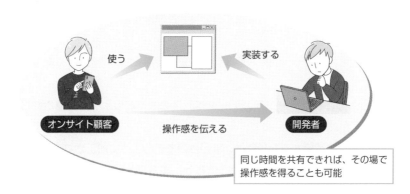

XPによるオンサイト顧客と開発者

使う　　　　　　　実装する

オンサイト顧客　　操作感を伝える　　開発者

同じ時間を共有できれば、その場で
操作感を得ることも可能

※**XP**……eXtreme Programming（エクストリームプログラミング）の略。設計をシンプルにするとともに、コーディングとテストを重視し、フィードバックを受け入れて修正・再設計していく開発手法で、アジャイル開発などの先駆けとなった。また、顧客や開発チーム内のコミュニケーションを積極的に行うように推奨しているのも特徴の1つ。

ユーザー機能の抽出

システム構築をする上で要素を抽出するものとして、項目抽出のほかにユーザー機能があります。

▶▶ ユーザー機能とは

ユーザー機能は、システムの利用者が画面などの**ユーザーインターフェイス**を通じて、どのような動作を実現したいのかを抜き出したものです。

たとえば、販売伝票を入力してデータ蓄積を行い、この蓄積したデータを別の画面に表示したり、分析するためにデータを抜き出して計算していくという場合には、主にデータの項目の抽出が設計の仕事になります。

これに対して、データ分析を行う側で考えると、たとえば「分析した結果を円グラフで表示するか」「棒グラフで月ごとに表示するか」「その切り替えをどのようにするか」、さらには、口ごとの販売状況をまとめて表示して、マウスでポイントしたときに詳細情報を表示するグラフィカルな部分も考える必要があります。

これらの操作に、利用者の視点を据えたものがユーザー機能になります。

ユーザー機能の概要

項目抽出
システムにより入出力をデータ化する

ユーザー機能
・ユーザーの操作 ・画面の動き ・ヘルプシステム　など

※ **オンサイト顧客**……XPで推奨されている項目の1つ。顧客が開発現場のオープンスペースで、質問のやり取りなど開発チームと積極的にコミュニケーションを取ること。

　ユーザー機能では、操作感とともに「どのような利用者がこのシステムを使うのか」「どんな場面で使うのか」「どの画面を使うのか」が重要になってきます。これらを取りこぼしてしまうと、システム的には漏れがない正確なデータを蓄積していても、操作的には非常に使いづらいシステムが出来上がってしまい、ほとんど利用されないシステムに陥ってしまいます。

　このような状況にないためにも、要件定義やシステム概要の中から、うまくユーザー機能を抽出して、実現していくことが重要になります。

▶▶ 画面設計のポイント

　ユーザー機能では、画面の概要については、最初は文章で記述するだけで構いません。細かい画面の構成や項目抽出、色などのデザインは内部設計で決めていくのがよいでしょう。外部設計の段階では「どのような入力を行うか」「どんな方法で行うか」という重点を押さえます。

　外部設計を担当する桜井さんと、プロジェクトマネージャの加藤さんが画面について検討しています。

加藤　「この伝票の入力画面だけどね、この画面は、いろいろな人が使うし、初心者からベテランが使うのだと思うけど、どんな画面がいいのかな？」

桜井　「具体的には、実際に利用者にヒアリングしないと分からないんですが、**初心者用**の画面と**ベテラン用**の画面を2つ用意するという方法がありますね」

加藤　「初心者用の画面は、どうなるの？」

桜井　「初心者用には、ボタンやテキストにマウスをポイントしたときに**ヘルプ**が出てくるとか、詳細の項目は（画面が分かりづらくなるので）隠してしまうとか、そういう形になります。一方、ベテラン用はヘルプがいらなくなるので、高速に入力できるようにリストを工夫するとか、マウスではなくて、キーボードを使った入力を考えるとか、そういう方法が一般的ですね」

加藤　「なるほど。現在、お客様のところでは、アルバイトの数が多いらしいんだ。そういう面では、初心者用の画面が重要かもしれないないね。伝票を入力するときの説明が必要かもしれない、という心配もされていたし」

桜井　「そうですね。システムを導入する際の教育とか、マニュアルの問題も考えると、初心者用に画面を作っておいたほうが便利な場合が多いですね。でも、初心者用だけだと、伝票入力スピードが落ちたりして、今の業務よりも効率が悪くなる場合もあるんです。そのあたりはどうなんでしょう？伝票の枚数とか、入力時間などが関わってくると思うんですけど……」

加藤　「そのあたりは、問題なさそうだね。伝票入力といっても数百枚をいっぺんに入力するのは稀なんだそうだ。1年に数回あるくらいで、非常に手間だから、いったんExcelに入力してしまって、それを挿入する形のものがあれば十分じゃないか、という話も出ていたぐらいだから」

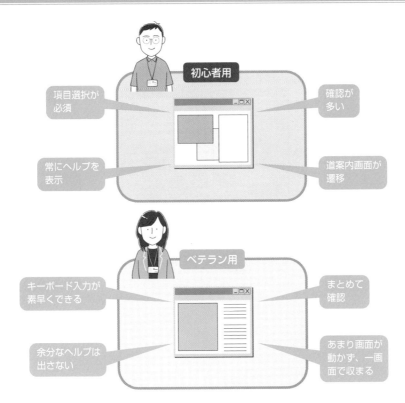

初心者用とベテラン用の操作画面

初心者用

項目選択が必須

確認が多い

常にヘルプを表示

道案内画面が遷移

ベテラン用

キーボード入力が素早くできる

まとめて確認

余分なヘルプは出さない

あまり画面が動かず、一画面で収まる

桜井 「一括入力の話ですね。予算の問題もあるんでしょうけど、ベテラン用の画面の切り替えが必要なければ、Excelからの一括挿入に切り替えることは難しくはないと思います。システム的にも、そういう形のほうが便利な場合もありますし」

加藤 「一括入力といっても、エラー処理の話もあるから慎重にしないとね。完全に正しいデータが入っているのならいいけど、一つひとつチェックする必要があるんだったら、実装自体に手間がかかりそうだし」

桜井 「そうですね。画面は初心者用にしておいて、別途、一括入力用の画面を作るぐらいでしょうか。一括入力の場合には、データが正しいものとして規模見積りをしておいて、それ以上であれば要相談になりそうです」

画面設計の例

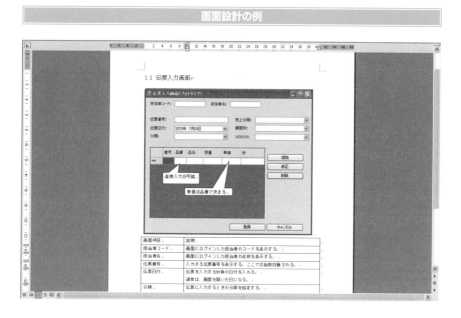

　画面設計で、複数の画面を使う場合は、画面の**遷移図**を付けておくとイメージしやすくなります。これは、「業務の流れ」の中でも現れるものですが、『アクティビティ図』の中での必要な操作を、画面という具体的な形に直すと、複数の画面の組み合わせになることがあります。

遷移図の例

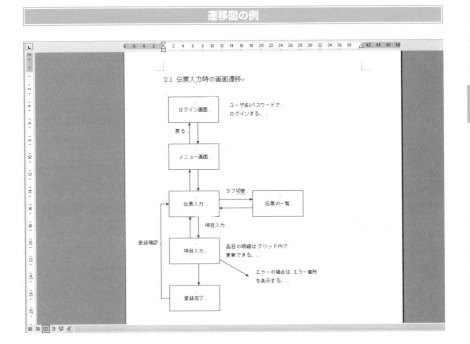

　たとえば、たくさんの入力項目を1つの画面に詰め込んでしまうよりも、入力の流れを追う形のウィザード形式のほうが望ましい場合もあります。

　このような遷移を含む場合には、あらかじめ**外部設計**の段階で流れを示しておくことにより、**内部設計**での内部データのやり取りが作りやすくなります。

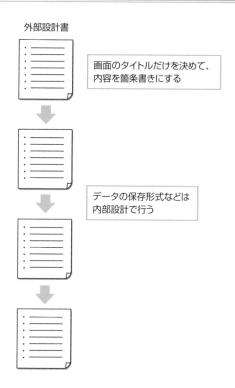

外部設計での流れ図

外部設計書

画面のタイトルだけを決めて、内容を箇条書きにする

データの保存形式などは内部設計で行う

▶▶ プロトタイプの活用

　利用者が操作する画面の名前は、『ユースケース記述』と同じものを使っていくとよいでしょう。用語もそうですが、『ユースケース記述』などの上流の工程から一貫して同じものを使うことにより、どの機能や画面、データがどの仕様書のどの部分に現れてくるのかが一目で分かるようになります。また、分類も同じ形式で行っておくことにより、混乱せずに済みます。

　外部設計を担当した桜井さんが、顧客の阿部さんの会社を訪問しました。

桜井　「今日は、伝票の入力画面の**プロトタイプ**を作ってきましたので、実際に使ってみて、お客様の感想を聞かせてください。操作感は、どうでしょう？」

阿部 「そうですね。このヘルプ機能は、結構いいと思います。今まで伝票に書いていたものが、パソコンに入力するとなると、操作が変わって覚えるのが大変でね。そのあたりを心配していたんですよ。アルバイトに入力をお願いすることもあるんですが、パソコンは使えるけれども、業務アプリを使うとなると、操作方法を教える手間もあるし……」

桜井 「えぇ、教育コストも削減できればいいと思っています。最初は、初心者用とベテラン用の2画面を作ろうと思っていたのですが、そのあたりはどうですか？」

阿部 「ベテラン用の画面は、使う機会が少ないと思います。この随時出てくるヘルプの機能を削ってもらえば、それで十分じゃないですかね。伝票入力にしても、アルバイトと社員ではさほど変わらないので、2画面も作るのは余分な感じがしています」

桜井 「なるほど、了解いたしました。ほかには、どうでしょうか？」

阿部 「そうですねぇ、配色を変えてくれるといいかなぁ……。カラフルにすると、初心者には入力場所がハッキリしていていいんでしょうけど、慣れてくるとモノトーンにしたほうが、連続して入力しても疲れない感じがします」

桜井 「配色なら大丈夫です。項目のデザインやフォントを大幅に変えると、かなりの手間になりますが、全体的な色合いなら開発規模を変えずにいけると思います」

阿部 「あと、一括入力の部分ですが、もう少し考えさせてください。年数回という話をしたと思うのですが、実はシステム化してしまえば、いらなくなるかもしれないので……」

桜井 「えぇ、分かりました。一括入力の画面は保留にしておきます。システム的にも必要がなければ、それに越したこともないので」

阿部 「お願いします。前に『アクティビティ図』で検討していたときは、必要かと思ったのですが、よく考えてみると、入力ミスが少なくなるわけですから、そういうチェックも不必要になるかもしれないので」

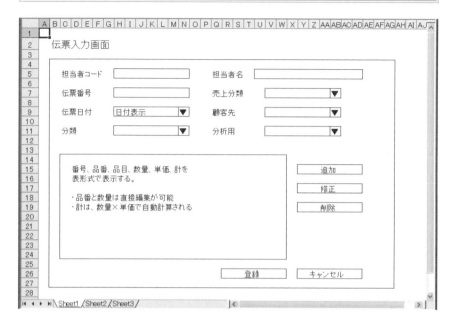

プロトタイプの例

伝票入力画面

担当者コード _____   担当者名 _____

伝票番号 _____   売上分類 _____ ▼

伝票日付 日付表示 ▼   顧客先 _____ ▼

分類 _____ ▼   分析用 _____ ▼

番号、品番、品目、数量、単価、計を
表形式で表示する。

・品番と数量は直接編集が可能
・計は、数量×単価で自動計算される

追加
修正
削除

登録   キャンセル

プロトタイプの目的は、要件定義や外部設計では分かりづらい、画面の**操作感**を利用者に実際に確かめてもらうことにあります。これからシステムを導入する顧客に顧客にとって、画面の操作感は非常に気になるところです。

画面設計のように、顧客に最もよく見える部分は、開発者側が細部にこだわるあまり、操作感が損なわれることがあります。プロトタイプは、利用者の操作感を確かめる良い手段であり、簡単な内部実装を行ってきちんと操作できる画面から、HTMLやExcelを使った紙芝居的なものまでいろいろあります。

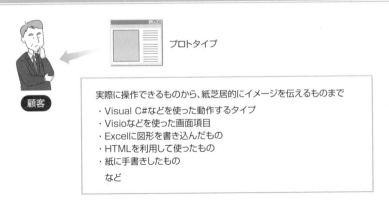

プロトタイプの種類

顧客

プロトタイプ

実際に操作できるものから、紙芝居的にイメージを伝えるものまで
・Visual C#などを使った動作するタイプ
・Visioなどを使った画面項目
・Excelに図形を書き込んだもの
・HTMLを利用して使ったもの
・紙に手書きしたもの
　など

　細かな項目の有無や、画面に表示される文字の大きさや色、項目の位置などを気にし始めると、肝心の画面に「どの項目が表示されればよいのか」「画面の流れはこれでよいのか」「操作するときに不都合が出ないかどうか」などの外部設計としての視点を忘れがちになってしまいます。

　これらの落とし穴に陥らないためには、**ペーパープロトタイピング**という紙でプロトタイプを作る手法を利用したり、パソコン上で確認するにしてもExcelやWordを使って操作レベルのみを記述した説明書を作ったりと、未完成品であることをアピールすることが大切です。

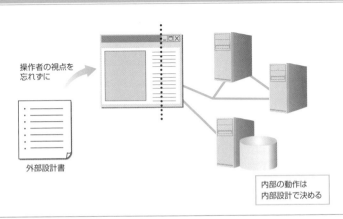

細部にとらわれないために

操作者の視点を
忘れずに

外部設計書

内部の動作は
内部設計で決める

第6章　要素の抽出—外部設計と内部設計

　この操作感の部分を外部設計で十分に設計しておくと、システム試験で行う画面からの操作の試験や、運用試験でのマニュアル作りに大きな助けになります。

　システム試験では、システムが最初の要件を満たしているかどうかをチェックしていくのですが、この中でプロトタイプでよく練られた画面であれば、画面の操作もしやすく、障害が発生したときの調査もしやすくなります。これは、システム試験の効率をよくする要因になります。

　また、『ユースケース記述』とマッチングを取ることにより、運用試験での『マニュアル』作りを、要件定義と対応が取れた形にできます。

操作感をよくするメリット

顧客

画面操作をよくしておくと……

・運用マニュアルが簡単で読みやすくなる
・画面の試験がスピードアップ
・利用するときに問い合わせが減る
・間違い入力が減り、効率的

ユーザビリティ試験を行う時期は？

パーソナルコンピューターが一般に普及し、さらにスマートフォンが個人に普及し、ブラウザを日常的に使いこなすようになり、いわゆる操作マニュアルというものが激減しました。業務システムのような作業効率を優先した画面の場合は、まだヘルプシステムなどが残っていますが、スマートフォンの各アプリには、当然のことながら紙のマニュアルは付いてきません。「見て操作して解る」ということがアプリケーションに求められています。

画面のデザインは、一般的に外部設計やグラフィックデザイナーが決めることが多いでしょう。画面のデザインは実際に動作するものではなく、多くは紙芝居のように示されるものがほとんどです。

ユーザビリティ試験では、これらをプロトタイプのように、実際に動かして操作感を確かめることが必要になります。計画駆動の場合には、試験工程がプロジェクトの後工程にあるために、設計上とのズレが生じると修正がしづらい状態となってしまいます。

一般的に利用者の操作感を優先するときは、イテレーション開発のように顧客が実際に利用できるサイクルを用意しておきます。ソフトウェア開発の実装の手順としても、動きが解るようなユーザーインターフェイス部分を先に作るという工夫が必要になります。

業務システム限定になりますが、ユーザーインターフェイス部分で別にデモ版として用意する方法も考えられます。最近のプログラム言語では、UI作成はそれほど難しいものではありません。HTML形式や各種のUIデザイナを作り、簡単な動きとレイアウトを確認するための手間もそう時間はかかりません。

ただし、注意しておきたいのは、デモ版の内部動作を作り過ぎないことです。あくまで、顧客が利用するデモとしての機能のため、このコードを流用して本番のシステム開発に組み込もうとすると、かえって時間が掛かってしまいます。あくまで、使い捨ての模倣品として作成するとよいでしょう。

6-3

既存システムとの連携と仕様変更

　既存のシステムがすでにある場合は、新規に導入するシステムと連携させる必要があります。既存システムの仕様を調べずに、外部設計を始めると、後々のネットワーク接続やアプリの結合試験の段階でなんらかの仕様修正や追加が発生します。

▶▶ 容易ではない既存システムとの連携

　基本設計でも、論理設計が理解できるレベルの論理的な**ネットワーク設計書**を作成しますが、外部設計では、このネットワーク設計書を論理的に間違ってないかを検証し、それを更新することになります。

　ネットワークの構成については、アプリが使用する帯域の確保、事前に作成したセキュリティポリシーに沿った階層設計などが重要視されます。

　ここで基本設計を担当した鷹山さんと、外部設計を担当する桜井さんとの会話を見ていくことにしましょう。

桜井　「既存の経理システムのネットワーク構成ですが、何か問題はありそうですか?」

鷹山　「そうですね。経理システムの構成図を調べているところなんですが、あまり融通が効かなそうな感じです」

桜井　「昔のシステムだからかなぁ……」

鷹山　「あまり拡張性を考慮していなかったみたいですね」

桜井　「そうなると、接続は難しそうですか?」

鷹山　「そうですね……、接続自体は可能なのですが、経理システムのアプリが利用しているネットワークと被るため、帯域が確保できるかが問題になりそうです」

桜井　「経理にも接続用のネットワークを追加する必要がありますか?」

鷹山　「そうすると論理的に分かりやすくなりますが、物理的な接続は複雑になってしまいますね」

桜井 「そうですね。シンプルに接続しておくほうがよさそうです」

鷹山 「むしろ接続箇所になるルーターをVLAN[*]や帯域制御[*]が可能なものにリプレースするほうがよいかもしれませんね」

桜井 「どちらにしろ、接続が難しいことをお客様に説明して、予算の追加を納得してもらう必要がありますね」

鷹山 「そうですね。そのあたりは、お客様の判断になりそうですね」

ネットワーク構成の例

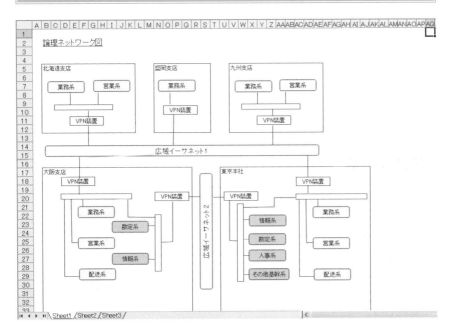

▶▶ 既存システムの調査と仕様変更

　既存データベースの活用や**既存システム**との連携などは、新しいシステムを構築する上での留意点となります。

　すでに動作している既存システムの仕様を調べないまま、外部設計を始めると、後のネットワーク接続やアプリの結合試験でなんらかの修正や追加が発生する可能性が高くなります。

＊**VLAN**……Virtual LANの略。物理的な接続形態に依存せず、自由に端末の仮想的なネットワークを構築すること。
＊**帯域制御**……ルーターを使って、ネットワーク上のパケット（情報）の送受信を制御する機能のこと。

　これを未然に防ぐには、**外部システム**の仕様の概要を調査しておくことが必要になります。

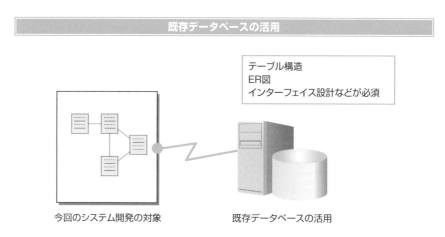

テーブル構造
ER図
インターフェイス設計などが必須

今回のシステム開発の対象　　　　　既存データベースの活用

　基本設計の時点では、これらの仕様の調査が重要なプロセスとなります。外部システムの仕様によっては、要件定義を変更する必要も出てきます。

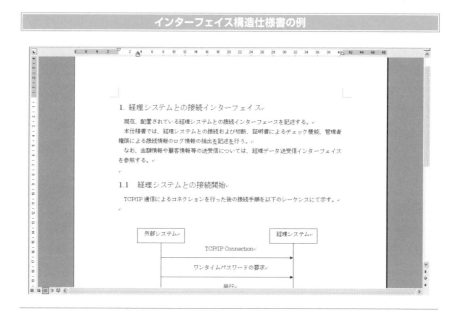

　特に**性能要件**のようなシビアな要求をされる場合には、外部システムの仕様によって要件を満たすことができないことがあります。このような場合には、外部システムの仕様を顧客に理解してもらい、要求自体が満たせないことを納得してもらわなければなりません。

　外部設計では、**詳細な電文**（伝送データ）までは踏み込まないでよいでしょう。

　セキュリティポリシーなどの基本設計や要件定義の要求仕様を満たしているかなどの、あくまで利用者の視点から調査することが大切です。伝送データのパフォーマンス等はデータ量のみ調べて、設計したシステムが要求仕様の枠の中で要件を満たせているかどうかを確認します。

　伝送データは、内部設計の段階で、あらためてその内容に踏み込みます。

　このように基本設計から外部設計、内部設計という流れの中でも、システム構成によって、いくつかの仕様を変更する必要があります。

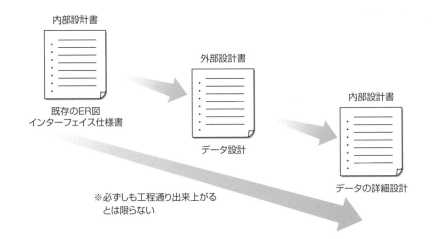

仕様変更によって成果物が前後する

内部設計書

既存のER図
インターフェイス仕様書

外部設計書

データ設計

内部設計書

データの詳細設計

※必ずしも工程通り出来上がる
　とは限らない

第6章　要素の抽出ー外部設計と内部設計

内部設計の省力化

パッケージアプリ開発とWebアプリ開発では、内部設計の仕様書の扱いが異なります。ここでは、その違いについて説明します。

▶▶ インターネットの技術情報とアプリに特化した情報

少人数で開発している場合や、短期スケジュールのプロジェクトでは、内部設計を行わないことがあります。開発者自身が顧客との会議に頻繁に出ている場合は、特に文書化をしなくても齟齬が発生することはあまりありません。

ただし、顧客と受託開発会社、一次請けと協力会社のような関係の場合は、なんらかの形で契約として、外部設計や内部設計、あるいは概要設計と詳細設計のスタイルが求められることが多いのです。このような場合、開発として内実を示す**設計書**を残すことを優先させましょう。

たとえば、**パッケージアプリ開発**では、関数一覧のような定型的なものではなく、外部設計から導き出された重要な部分（共通のライブラリや長く使うライブラリなど）には利用方法や簡単なヘルプなどを残しておき、そのほかの定型的な部分（ユーザーインターフェイスでのエラー処理や、データベース接続などの定型処理など）に関してはExcelで一覧表を作るなどして省力化を図ります。

Webアプリ開発では、細かな仕様書を残してもコード自体があまり大きくなかったり、フレームワークを利用したりして、あまり仕様書が利用されません。**タスク**というスタイルで、修正箇所はおおまかな割り振りとして記録に残す程度でよいでしょう。その記録から契約としての『詳細設計書』を作成するようにすると、文書を書く手間が省けます。

タスクの処理に関しては、グループウェアのフォーム（サイボーズなど）を利用したり、CIツール（RedmineやVisual Studio Team Servicesなど）などのタスク管理ツールを利用します。また、1人で開発する場合や、社内の少人数で開発する場合には、Excelなどの表計算ソフトを使っても十分管理ができます。

インターネットで標準で使われている用語を用いると、プロジェクトメンバー

が入れ替わった場合や顧客への説明が省略できます。Microsoft社のMSDNや
Oracleのマニュアルなどのアドレスを設計書内に記述しておくことで、正確な情
報を参照することもできます。

　逆に、開発しているアプリに特化した用語や技術は、綿密に記述しておく必要が
あります。最終的には動作するコードしか残らないものですが、開発中に多人数で
検討をしたり、レビューを受けたりするときに準備しておくと、誤解などの混乱が
減ります。

インターネットの技術情報とアプリに特化した情報

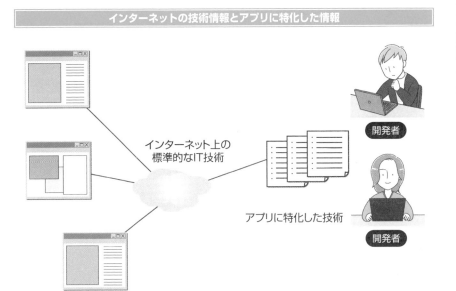

インターネット上の
標準的なIT技術

アプリに特化した技術

開発者

開発者

COLUMN　プロジェクトバッファと保険

　ソフトウェア開発のプロジェクトマネジメントでは、期間と予算をうまく制御することが求められます。プロジェクトの期間はリリース日に間に合うように求められ、プロジェクト予算を超過しないように作業時間を抑えます。作業時間は、プロジェクトメンバーの人件費（人月）に関わるものです。

　プロジェクトメンバーの創意工夫や頑張りによっても上記の締め切りは守れるかもしれませんが、そればかりに頼ってはいられません。できることならば、余裕のあるソフトウェア開発プロセスを歩みたいところです。

　実は計画駆動において、各タスクが早めに終わるということはほぼ発生しません。スケジュールを立案し、PERT図やガントチャートなどでタスクを並べたときに、それぞれのタスクでは予定した作業時間いっぱいまで時間を使ってしまうという現象が発生します。

　これは仕方がないことで、機械作業とは異なり、プログラミングなどは人手の作業が多く終了時点が明確でないためです。そのため、予定時間いっぱいまで「品質を上げる」という作業に着手しがちです。

　シミュレーション的には、タスクの終了予測は早まったり、遅くなったりと前後するのですが、そのため、ソフトウェア開発としては平均値が必ず遅い方に傾いてしまいます。つまり平均すると、ソフトウェアの開発タスクは必ず遅れるのです。

　この遅れの部分を1.2〜1.5倍と保持しておくのがプロジェクトバッファの役割です。遅れの部分は、各タスクばらばらなのですが、タスクごとに保持するのではなくプロジェクト全体としてまとめて取っておきます。最終的にプロジェクトバッファが枯渇しない限り、プロジェクトの遅れは発生しません。

　「保険」のほうは、いわゆるリスク対策です。リスク管理表を作成し、プロジェクトで発生する可能性のあるリスク（仕様変更も含めて）を洗い出しておきます。これらをプロジェクトの期間として吸収するために「保険」として確保しておきます。保険としての期間分だけは、仕様変更などの修正が受けられることになります。

試験項目に対する視点
——試験工程

　システム開発（ソフトウェア開発）における試験は、単純に仕様書の通りに動いているかどうかを確認するだけではありません。要件定義書、設計書からのトレーサビリティ通りの試験も必要ではありますが、利用者の視点に立ったときの操作感や利用者が陥りそうな誤操作をあらかじめ見つけておくことも試験工程の役目の1つです。開発期間は無限ではなく、すべての不具合をシステム（ソフトウェア）から取り除けるわけではありません。できるだけ取り除くという漠然としてではなく、運用や利用スタイルを想定して予期しない動作をなくしていきます。

クリアする目標を明確にする

　プロジェクトの後半にある試験工程は、プロジェクトのリリース日という制限があるため、時間に追われることの多い工程です。このため、限られた時間内に効率よく試験を進めていくという計画が大切になってきます。

▶▶ 試験の目的

　試験の第一の目的は、要件定義や設計の通りにプログラムが出来上がっているかどうかです。要件定義の各項目に対応する試験項目を決めておけば、要件定義の実装漏れがなくなります。同じように各種設計書の記述通りに内部試験や結合試験を行えば、仕様書の実装漏れや実装違いが確認できます。

　しかし、仕様書や設計書通りであることの確認だけが試験工程の意味でしょうか？　プロジェクトの試験工程の確認のために、プロジェクトマネージャの加藤さんと社内QA*担当の**橋本さん**との会話を見てみましょう。

加藤　「進行中のプロジェクトの試験品質について質問があるんですが、いいでしょうか？　まず、順々に試験をこなすだけで品質は保たれるものでしょうか？」

橋本　「ええ、それは試験の本質的なものですね。一定の基準で『要求仕様書』や『設計書』が出来上がっていれば、それにチェックするだけで正しいシステムは出来上がります」

加藤　「確かに。でもプロジェクトが進むと要求が変わることがあるので、その要求を取り込むために『要求仕様書』や『設計書』を変更しますね。そういう場合はどうなるんでしょう？」

橋本　「理想を言うと、変更された要求に従って、再び一定基準の『要求仕様書』や『設計書』を練り直すことになります。しかし、『一定基準を超えている』とか『完璧な設計』のチェックは難しく、『要求仕様書』や『設計書』が完璧でないなら、それに従ったプログラムや『試験仕様書』は完璧にはな

※**QA**……Quality Assuranceの略。ソフトウェアなどの開発物の品質全体を保証する職種のこと。

りませんよ」

加藤　「えっ、そうなると、『試験仕様書』には何か意味があるんでしょうか?」

橋本　「試験をするとか、『試験仕様書』自体にはきちんと意味があるのですが、試験を完璧にして不具合がなくなれば、完全なプログラムができるとは限らないんです」

加藤　「完全なプログラムと言いますと?」

橋本　「もう少し正確に言いますと、『設計書』通りに完璧なプログラムコードを書けば、『設計書』に沿ったプログラムができます。一方、間違った『設計書』の場合は、間違った動きをしても『設計書』通りという不思議なプログラムができるのです」

加藤　「確かに、矛盾していますね」

橋本　「はい、矛盾を抱えているんです。最初に完璧な要求や設計を決めることができるわけではないので、いくらそれに沿っていたとしても、プログラムが完全であるという保証はないのです」

加藤　「そうなると、試験自体、何か意味があるんでしょうか?　なくてもいいということになってしまうとか?」

橋本　「さすがに、それはないですね。試験には意味があります。『完璧ではないけれど、ひとまず設計書通りに作られているかどうか?』という試験ができます。『設計書』を無視してコードを書いても、あまり意味はないですからね。何のための設計をしているか分からないし、何に沿って試験をしているのか分からなくなってしまいます」

加藤　「そうですね。そうなると、設計通りに動いているどうかどうかの試験は、試験工程の一部ということでしょうか?」

橋本　「そうなんです。今まで、試験工程では要件定義や設計に沿って試験項目を作ってきましたが、それだけでは出来上がるソフトウェアの品質は上がらないということです」

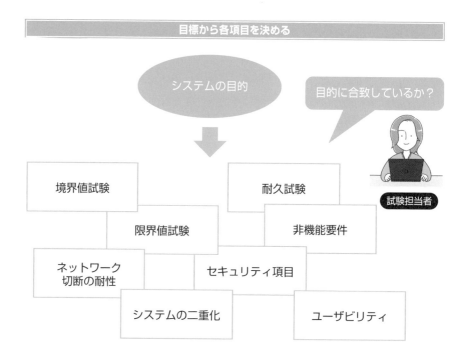

クリアすべき条件は？

　開発プロジェクトが求めるプログラムは、どういうものでしょうか？　車が多種多様であるように、ソフトウェアも多種多様です。車がただ走ればいいというものではなく、トラックやバスのように用途の違ったものがあると同じように、ソフトウェアにも用途が違ったものがあります。

　ですから、「走る≒要件定義や設計を満たす」という前提はありますが、単に走ればよいというものではありません。コンピューターが一般に広まった初期の頃は、利用者がコンピューターの難しい使い方に合わせていましたが、現在のように、あらゆる場面でコンピューターが使われる場面では、プラスアルファが求められています。

　たとえば、人命に関わるシステムであれば「不具合があっても安全に動く、あるいは安全に停止する」という別な視点が求められます。ユーザーが不特定多数のであれば「詳しくヘルプを出さなくても、ほかのソフトウェアあるいはゲームの

使い方を知っていればなんとなく使える」程度のものでなければいけません。

　逆に業務的なスピードを求められるものであれば、「多少、初心者には使い勝手が悪くても、ショートカットキーやキーボードを駆使して素早く効率的に入力できる画面」が求められています。

　初心者には難しいものの、熟練者の道具となるような特殊なシステム（ソフトウェア）は世の中にたくさんあるものです。これらの項目は、『要求定義書』では非機能要件として記述されることが多いのですが、具体的にどのような操作やスピードを求めるのかの記述がされることはありません。

　なぜならば、外部設計による画面遷移の詳細や、プログラム内部で行われるメッセージのやり取りが決まってから、難点が表面化するためです。基本設計としてソフトウェアの思想をうまく受け継いでいれば、設計に取り込まれるものです。

　クリアすべき条件は、単純な転送スピードや画面表示の秒数ではありません。それらの条件を、試験工程において『ユースケース記述』として確認することも試験工程の重要な視点になります。

COLUMN　利用者の代弁者

　本書のストーリーの中では、特定の利用者の代弁者は決めてはいませんが、システムのコンセプトを操作画面へ反映させたり、利用者の使い勝手を熟慮する役割が、代弁者にはあります。外部設計として独立させたり、グラフィックデザイナーが外観を作成したりします。

　システムを利用者が直接操作する場合は、実装を担当するプログラマーとは別の視点が利用者の代弁者には必要になります。これは、使う側の視点と機能内部の動きの視点とが相反する利害関係にあるためです。

7-2

自動化される単体試験の活用

かつてプログラムの設計書に、フローチャートが使われた時代から比べると、現在のプログラミング環境は非常に進歩しました。

▶▶ 手作業な試験から自動化と再帰試験へ

C++やC#、Javaなどをはじめとするオブジェクト指向言語の利用に伴い、それに付随するクラスライブラリも豊富になりました。

各種のサービスを組み合わせることにより、機械学習や画像認識、分散データベースを使った通知なども使えるようになっています。公開されているオープンソースを使うことにより、一定の品質を保ったライブラリを使うことも難しくはありません。

このようにソフトウェアの活用方法が変わってくると、試験工程で行う試験項目も変わってきます。

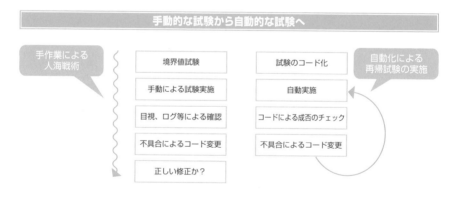

かつてのフローチャートを記述して、C言語のプログラムに直し、そして手動で一つひとつの動作をチェックする時代は、終わりを告げつつあります。さらに、ブラウザに表示されている項目を手作業で再計算しながらロジックをチェックし、データベースを入れ替えては何度もチェックを繰り返すことも最近ではほとんど

ありません。

　そのような細かい単位（モジュール単位、クラス単位など）では、すでにコーディングを終えた段階では、試験が済んでいるようにしているためです。

　TDD（テスト駆動開発）に沿わないとしても、コードを書く時点で、IDE（統合開発環境）のサポートによる文法間違いのチェックがあり、豊富なデバッグ機能を使うことで、試験前でのチェックが可能になりました。

　なによりも開発環境自体に、開発用のデータベースや仮想化を利用したネットワークなどを利用することで、以前よりもプログラミングの時点で不具合を潰すことが手軽にできるようになってきました。

　また、リリース後も機能追加などがあり、継続的にコードの変更をします。単体試験レベルをすべて繰り返すには、コードのボリュームが大きすぎて、開発時間も到底十分ではありません。そのような要件から、単体試験レベル（ときには結合試験レベル）を自動化することにより、人手を増やさなくても繰り返し試験を行える環境が整えられています。

自動化による単体試験で、サイクルを素早く回す

　コーディング技術の発展とともに、試験工程に対する要求も変わってきます。自動化による単体試験は、通常の試験工程からは単体試験やモジュールテストレベルの試験を省きます。それらの試験は、すでにクリアされているものとしてプログラムを扱います。

　逆に言えば、試験工程での入口では、かつての単体試験レベルをクリアした形でのプログラム品質が要求されているのです。

　そのため、かつてのテスト技法で語られる「境界値試験」や「最大値試験」などは試験工程に含めなくてもよいでしょう。もちろん、その代わり、自動化された単体試験で境界値試験などが正しく行われているか（あるいは境界値試験済みのライブラリが使われているか）をレビューします。

　限られた試験工程の時間を有効に活用することと、開発プロセスのサイクルを素早く回すための仕組み変えになります。

第7章　試験項目に対する視点ー試験工程

ユーザー視点での試験

効率を求める業務用のシステムであれば、複雑な操作であっても利用者が限られているため、事前のレクチャーで補えます。そのあたりの利用者の操作感も含めて、試験項目を作成していきます。

▶▶ 2つのユーザー試験

試験工程におけるユーザー視点の試験では、利用者の使い勝手を調べる**ユーザビリティ試験**と、思わぬ動作を事前チェックするための通称**打鍵試験**があります。どちらも基本的な目的は、「あらかじめ通常動作を確認しておくこと」です。

引き続き、プロジェクトマネージャの加藤さんと社内QA担当の橋本さんの会話を見ていきましょう。

ユースケースの活用

ユーザー視点

利用者

ユースケース記述の活用

誰が扱うのか？	利用者の明確化
スタートはどこか？	前提条件の記述
ゴールはどこか？	達成条件の記述
どのように実現するのか？	手順の記述

加藤 「通常動作は、どうやって調べればいいんでしょうか？ 項目を一つひとつ、
　　　 すべて出し切るのは難しいですよね」

橋本 「そうですね。むやみに試験項目を出しても効率的ではないし、奇妙な操作
　　　 をしてバグを出すことが目的ではないので、ランダムにやればよいという
　　　 わけではありません」

加藤 「通常と違う操作をして、バグを見つけるのは目的ではないということで
　　　 しょうか？」

橋本 「利用者によりますね。たとえば、ゲームマニアを対象にしたスマホゲーム
　　　 の場合は抜け道を探そうとするユーザーが多いでしょうから（大抵は善良
　　　 なユーザーなんですけど）抜け道が出ないような試験も重要です。でも、
　　　 今回のような業務で使うようなシステムでは、そのあたりの試験は省いて
　　　 も構わないでしょう。もちろん、変な入力をして、システムがダウンする
　　　 のは困るので、ある程度のガードは必要なんですが、基本はヘルプを読ん
　　　 でいる利用者ですから」

加藤 「中には、ヘルプを読まない利用者もいますが（笑）」

橋本 「まぁ、大抵は、システムの意図に沿った使い方をするという意味で、平均
　　　 的な利用者を想定できるという意味ですね。そういう意味では、ゲーム
　　　 の画面よりも販売システムの画面は、キーボードで入力しやすいように
　　　 ショートカットを作ったり、タブ移動で項目修正をやりやすくしたりしま
　　　 す」

加藤 「なるほど」

橋本 「ほかにも、初心者向けのアニメーションとか、ヘルプの吹き出しなどがい
　　　 らない場合が多いのです。毎日の業務で使っていれば、だんだん慣れてい
　　　 くので、極端に画面遷移するウィザード方式（画面を捲りながら入力を進
　　　 める入力方式）よりも、1つの画面で入力がざっと済ませられる画面にし
　　　 たほうが、効率が良い場合もあります。このあたりは、お客様の希望によ
　　　 りけりなんですが……」

加藤 「初心者用とベテラン用の2つの画面があれば、いいんでしょうか？」

橋本 「そうですね。予算と開発期間が十分であれば、その方式も取れるんですが、

　　　　なかなかそうはいかないでしょう。どちらにせよ、『使い勝手』といっても、利用者にとっては様々なものですから、開発するシステムに合わせた使い勝手の基準が必要になります」

加藤　「使い勝手を調べるには、どうしたらいいのでしょうか?」

橋本　「要件定義に書いたときの『ユースケース記述』を利用します。ある程度、画面ができていくと、いくつかのパターンで操作ができるようになるので、データの登録方法のようなものを1つ決めてヘルプを書くように進めていきます。そうすると、利用者と同じ視点で画面の操作ができるので便利ですよ。ちょうどヘルプを作るのにも使えますし」

加藤　「今回の入力では、登録のパターンがいくつかあるんですが、それは網羅したほうがいいんでしょうか?　エラー処理とか登録する境界値とか……」

橋本　「いえ、網羅する必要はありません。ユーザビリティ試験は、利用者の視点でうまく操作ができることを見るのが目的なので、境界値のような単体試験レベルのものは含みません。エラー処理の確認にしても、エラー入力をして終わりにするんではなくて、利用者が一度エラーになる値を入れた後に、エラーメッセージを見て正しい値を入れる、という『ユースケース記述』になるといいんです。ユーザー視点なので、エラーが出たことで終わりと言うわけにはいきませんからね。必ず正しい値を入れるところまでやるはずです」

加藤　「なるほど。では、もう1つの打鍵試験はどうなります?」

橋本　「打鍵試験やランダムテストなどは、『先ほどのユースケース記述に、ちょっとイリーガルな操作をしたらどうなるだろう』というような考え方にするとよいです。今回は、意図的に通常ではない操作をする利用者がいないので、少し無茶をしたときにシステムがダウンしないかというレベルの視点ですね」

加藤　「無茶というと、連続した入力みたいなものでしょうか?」

橋本　「そうですね。よく決算サイトで購入ボタンをダブルクリックしたときに二重決済が発生しないとか、カートに入れたままブラウザで戻るボタンを押してもカートの状態はうまく引き継がれるとか、そういうものです。悪意

　　　　を持って操作したわけではないけど、ついうっかりとしてしまった操作に
　　　　対しても、うまく動作できたほうがいいですよね」

加藤　「そのあたりは、設計で網羅する問題じゃないんでしょうか？」

橋本　「これも時と場合によります。社内システムの場合なら、たとえば『ここで
　　　　は戻るボタンを押さないで進めること』というルールを徹底することもで
　　　　きるので、必ずガードをかけないといけないわけでもありません。まぁ、
　　　　利用者の不意のミスをうまくフォローするのもシステムの大切な要素です
　　　　が、コストと開発期間との兼ね合いもあるので、そのあたりはうまい落と
　　　　しどころを見つけていくのが妥当でしょう」

加藤　「たとえば、戻るボタンでカートの中身がおかしくなったとき、バグになる
　　　　んですか？」

橋本　「バグにすることもありますよ。しかし、既知の問題として、バグのままで
　　　　修正しないこともあります。そのあたりは、すべて直せばよいのでしょうが、
　　　　妥協案として、こういう動作をしたときにはこういう結果に陥ってしまう、
　　　　というのを事前に知っておくことが重要なのです」

加藤　「確かに……」

橋本　「まったく操作したことがなくて、動作結果が不明と言うよりも、一度でも
　　　　操作したことがあってそこは誤動作する場所なので触らない、というのも
　　　　1つの回避方法ですね」

加藤　「ありえない数値や文字を入れて、無理矢理エラーにするのは可能ですが、
　　　　そこまで設計やコーディングする必要があるかどうかは、ケースバイケー
　　　　スですね」

橋本　「えぇ、いろいろと予期しない操作を想定するよりも、業務システムの場合
　　　　は、ある程度マニュアルに沿って操作をするという前提に立つほうが、う
　　　　まく業務システムを活用することができます。そのあたりを含めての打鍵試
　　　　験なのですよ」

▶▶ 利用の仕方によって試験項目を変える

　システムの利用者が多い場合、その利用者ごとに前提となる知識が異なります。不特定多数を相手にする場合は、詳細なヘルプが必要でしょうし、ときにはスマホアプリのように、ヘルプを使わないで入力できるようにする必要性も出てくるでしょう。

　OSで使われている標準機能に合わせて、ほかのアプリで使われているような操作に似せて作れば、利用者はあまりヘルプを使わずに済みます。逆に、ほかのアプリとは異なった操作方法にしてしまうと、誤操作が多くなり、ヘルプデスクへの問い合わせも多くなってしまうでしょう。

　効率を求める業務用のシステムならば、複雑な操作であっても利用者が限られているので、事前のレクチャーでフォローできます。難しい専門用語も、利用者が社員に限定されるのであれば、ヘルプはいらないでしょう。このあたりのユーザーの利用感も含めて、試験項目を作成していきます。

7-4

安全な運用に関する試験

ランダムな打鍵試験とは異なり、システムを安全/安定的に活用するための試験があります。主に運用試験で行われる項目ですが、設計時にも意識しておかねばならない項目でもあります。

▶▶ システムを安定稼働させるポイント

試験項目には、利用者の入力に対して、正常と異常/エラーの反応があります。これとは別に、システム全体をダウンさせないような対策が必要です。

たとえば、Webサービスで決済処理を行っている場合に、一部のネットワーク切断が発生したとしても、システム全体の動きには問題ないことを確認しておきます。特に利用者が複数いる場合には、ほかの利用者の不具合が別の利用者に影響を及ぼさないようにします。

社内の一定人数しか利用者がいない場合は、データベースのテーブル競合は少ないでしょうが、外部公開されている不特定の利用者相手のシステムでは、競合による影響範囲が広くなります。

システムを安定稼働させるためのポイントをいくつか示しておきましょう。

①利用者の悪意のある入力に対して、システムがダウンしない
②利用者の悪意のある入力に対して、データベースが壊れない
③特定の利用者の操作が別の利用者に影響を与えない
④利用者の操作の過負荷に対してシステムがダウンしない
⑤影響の大きい操作をするときの利用者のアクションが簡単すぎない

システムダウンを避ける仕組み

意図的にシステムを
停止させる

意図的にシステムを
破壊する

ヒューマンエラー

安全な運用を
目指す

ほかの利用者に
悪影響を与える

自らを優先させる
行為を行う

　これらの項目は、ネットワーク経由の本格的なクラッキングとは別に考慮すべき項目になります。「悪意ある入力」には、ちょっとした遊び（遊びといえどもクラックには違いないのですが）に対してシステムが脆弱であっては困るということです。

　データベースのデッドロックのように、設計時に考慮するものもありますが、単純なテーブルロックの回避方法ならば、データベースのクエリ実行に制限時間を設けておくのもシステムダウンを避ける1つの方法です。

　利用者の混雑状態によっては、クエリ実行のタイムアウトが発生し、利用者に操作を再度行わせるという手間が発生しますが、システムが過負荷でダウンすることは避けられます。

　決済システムや予約システムのような、ミッションクリティカルなシステムの場合は、エラーによる巻き戻しが難しいところですが、簡単な利用者データの変更処理や利用者同士の簡易チャットシステムのような場合は、多少のエラーを許容したほうがシステムの安定性を確保できます。

▶▶ 特定の利用者が優遇されない工夫

　たくさんの利用者がシステムを使うときに、特定の利用者を優遇しないようにするためには、一定時間のシステムの利用回数を制限させます。

　たとえば、オークションシステムを開発する場合は、手動で商品の閲覧をする

利用者と、なんらかのスクリプトを組んで自動化している利用者が混在してしまいます。

　会員制サイトの場合、手動の利用者と自動化した利用者の利用回数は同じ程度にしておかないと不公平になってしまうでしょう。

　実際、自動化した利用者は、手動の利用者よりも数多くのWebサービスなどを呼び出すわけですから、システムの稼働割合が自動化した利用者に偏ってしまいます。何度となく呼び出されるWebサービスの負担は、手動の利用者にもかかってしまうわけですから、先行きサービスの低下を招いて、利用者数が減ってしまうかもしれません。そのために、一定時間の利用回数を決めます。

　利用回数の制限は、利用者による操作の過負荷も抑制できます。頻繁な画面操作はクローリング[※]を疑うことができます。Googleなどの正式な検索サイトのクローリングは喜ばしいことなのですが、単純に情報の抜き出しが目的の場合や模倣サイトのための情報集めに協力するのは営利上好ましくありません。

　著作権のある画像の無断使用や直リンクによる好ましくないアクセスは、サイトの過負荷を招いてしまいます。このような意図しない利用を避けるためにも、なんらかの価値ある画像データや配布データが不正にダウンロードされていないかをチェックする仕組みが必要になります。

　最後の1つは、ユーザビリティの問題ですが、大きな影響のある操作に対しては、利用者にそれなりの操作の手間を課しておくことです。

　たとえるならば、自爆装置のボタンはテーブルの真ん中の押しやすい位置に置いてはいけません。なんらかのガードのための蓋があるでしょうし、場合によっては鍵で開けるものでしょう。利用者が持っている大切なデータを削除したり、別の場所に送ったりする処理の前には、それなりの確認が必要です。確認ダイアログや法的な契約書の表示だけではなく、通常の動作とは異なる操作であることを利用者に認識させます。

　ケアレスミスのような手順で、ヒューマンエラーを引き起こさないような少し回りくどい手順を利用者に行わせます。回りくどいというのは、利用者へのリンクを隠し見つけにくくすることではありません。ほかの操作とは違ったボタンの色にしたり、操作先の画面のレイアウトを少し変えたりすることで、利用者に「何かいつ

※ **クローリング**……スクリプトによる画像やサイト情報の取得のこと。

もとは違っていることやっている」ことを意識させます。

　後戻りができない操作は、そう頻繁に行うものではありません。ですから、多少手順がややこしくても、丁寧にガイドを読めば目的に操作にたどり着くのであれば、問題はありません。試験パターンは、ユーザー視点の試験と同じように、『ユースケース記述』を使います。この試験項目もすべての安全パターンを網羅する必要はありません。システムによってリスクとなるポイントを絞って対処します。

COLUMN 試験工程のバーンダウンチャート

　コードの実装が終わって試験工程に入ると、試験項目を小気味よく消化していくことが求められます。できれば不具合も出ず、計画通りに試験工程が進めば良いのですが、そうはいきません。必ず不具合が発生して、コードの修正が必要な状態に陥ります。

　試験工程始めたときには試験項目の数が決まっており、期間も決まっているので、日単位あるいは週単位の項目数が計算できます。これを目標にして試験をこなすことができれば、最終的に期限通りに試験工程を終えることができるのですが、残念ながら順調というわけにはいきません。

・不具合が発生して修正と再試験が必要になる
・不具合に伴い設計を変更する必要があり、試験項目数が増える
・1つの不具合が多数の試験項目をブロックする状態に陥る
・試験自体が難解で、思ったより進まない

　プロジェクト自体はリリース日が迫っているため、試験工程が計画通りに終わるかどうかが重要になります。試験項目の消化率を計算するだけでなく、傾向（トレンド）を探ります。バーンダウンチャートを利用することで、試験の消化具合が順調であるかどうか、計画通りに終わりそうかを予想します。さらに詳細には、EVM（アーンドバリューマネージメント）の手法を使い、具体的に試験メンバーを増員したときや、不具合がさらに増えたときを予測が可能になります。

スケジュールと
見積り

　顧客には、システムを稼働するための目標日があります。開発者側では、これに間に合うように開発スケジュールを組みます。ここでは顧客から提示されるマスタースケジュールと、開発者側が提示する開発スケジュールを区別していきます。この2つのスケジュールを見比べて、プロジェクトの計画段階と実施段階での注意点を述べます。

開発スケジュールの決め方

　プロジェクトマネージャは、プロジェクトを成功させるために、顧客の要望をしっかりと聞き取ると同時に、それを実現するためにスケジュールや予算をきっちりと立てます。しかし、計画と現実との差は少なからず生じるため、その時点での対処の仕方も重要になってきます。ここでは、各仕様書をマイルストーンにして、プロジェクトの計画段階を説明していきます。

▶▶ マスタースケジュールの意義と役割

　最初に顧客から『要求定義書』で**マスタースケジュール**を提示されるところから話は始まります。顧客が自分の業務にシステムを導入する際に、「どの時点で導入すれば一番効果的なのか」「導入教育や機器の設置を含めて、どのようにシステムを導入していくのが一番業務にとって負担が少ないか」という検討をした上、出てきたのが顧客のマスタースケジュールです。

　マスタースケジュールは、顧客自らが作成したり、専門のコンサルタントの助言をもらいながら作成していきます。多少、開発者側のスケジュールを考慮している場合もありますが、大抵は、そのリリーススケジュールに開発者側が合わせる必要があり、その場合には、開発規模や開発スケジュール、人員などをプロジェクトマネージャが検討する必要があります。

　以下の会話は、顧客の阿部さんとプロジェクトマネージャの加藤さんがマスタースケジュールについて打ち合わせをしているところです。

阿部　「マスタースケジュールは、6月をリリース時期にして、その前の1ヵ月を
　　　導入教育に当てることを想定しています。どうしても年度末は繁忙期に
　　　なってしまうので、その間は動けないためです。できることならば、シス
　　　テム導入を年度末の前に間に合わせたいとは思うのですが、そのあたり、
　　　システム開発には素人なもので、どうなんでしょう？」

加藤 「そうですね。今からの開発、運用試験、導入という手順を踏むと『年度末の前までに』というのは難しいですね。導入教育を1ヵ月とすると、2月中には運用試験を終えていないといけないわけです。パッケージを購入するのであれば、大丈夫だと思うのですが、そのあたりはご検討されましたか?」

マスタースケジュールの例

	項番	作業	2022年					2023年				
			8月	9月	10月	11月	12月	1月	2月	3月	4月	5月
	1	システム要件定義	△ ▼									
	2	アプリケーション要件定義	△▼									
	3	システム論理設計		△ ▼								
	4	システム物理設計			▼							
	5	二次フェーズ見積もり			△							
	6	アプリケーション外部設計			△							
	7	アプリケーション内部設計				△						
	8	実装						△				
	9	ハードウェア導入					△					
	10	システム構築						△				
	11	結合試験							△			
	12	システム試験							△			
	13	運用試験								△		
	14	導入									△	
	15	導入教育										△

計画 △ 実績 ▼

マスタースケジュール(マイルストーンチャート)

阿部 「パッケージは、コンサルタントに調べてもらったのですが、最適なものがありませんでした。当社で導入するには値段が高すぎたり、その後の保守料金が高すぎたり……。後は、パッケージを入れると、今の業務を変えないといけないんですよね。そのあたりは、逆にコスト高になる部分があるので、それなら一部分だけ開発したほうがよいかなと思いまして、ご相談したわけです」

第8章 スケジュールと見積り

171

加藤 「えぇ、当社の業務に合っていれば、パッケージの導入も可能と思うのですが、なかなかぴったりしたものがありませんよね。弊社でも業務全体というよりも、一部分をサポートする形で受託開発をしているところもあります。そうなると、マスタースケジュールとして、リリース目標を6月にすることでよろしいでしょうか？」

阿部 「そうですね、導入は6月でお願いします。スケジュールの遅れとか、そのあたりはどうなんでしょう？」

加藤 「要件定義をしていかないと分からないのですが、弊社ではスケジュールを守る形で検討させていただいています。当然、スケジュールをムリヤリ守っても仕方がないのですが、マスタースケジュールは、それなりに意味があるものなので」

阿部 「6月に導入したいのは、実は9月ごろから店舗を増やす予定があって、その前にシステム導入を済ませて、支店で使いたいという考えもあるんです。ですから、後ろにずれ込んでしまうと、いろいろと混乱することになってしまいます。多少の調節は可能だと思うのですが、導入時期に関しては、あまり動かせないと思ってください」

加藤 「承知いたしました。支店との同時導入となると大変ですから、まずは本社で試験的な導入をしたいとお考えなのですね。規模が大きくなるようであれば、削減の方向で考えるか、適切な形で人数を増やすことを考えていきたいと思います」

　マスタースケジュールは、IT投資の回収時期を決めたり、導入効果を確かめたり、商品開発の一環として大切な役目を負っています。

　システム開発では、プロジェクトマネージャは開発を行うための開発スケジュールと開発規模見積りを検討しますが、『提案書』を起こす段階で、このマスタースケジュールに沿って、開発スケジュールを見積ることが最優先事項になります。

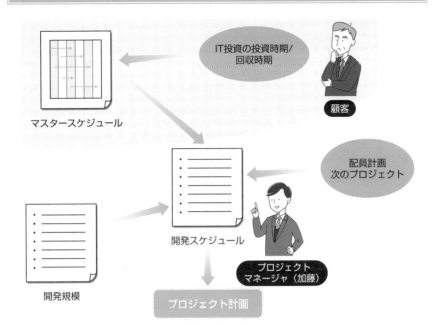

マスタースケジュールの意義と役割

マスタースケジュール

IT投資の投資時期/
回収時期

顧客

配員計画
次のプロジェクト

開発スケジュール

プロジェクト
マネージャ（加藤）

開発規模

プロジェクト計画

▶▶ 基本設計と開発スケジュール

　開発スケジュールや開発規模の根拠は、そのほとんどが**基本設計**から導き出されています。

　基本設計では、概要として機能の割り出しなどを行います。その機能を実現する場合には、試験工程も含めて、どのくらいの期間や人員が必要なのかを計算していきます。

　基本設計の基礎データは、『アクティビティ図』や『ユースケース記述』などの分析の結果や、要件定義としてまとめられた要件の抽出になります。これらを受ける形でシステム概要を記述し、スケジュールと規模、人員が妥当であるのかを割り出していきます。

　それでは、プロジェクトマネージャの加藤さんと基本設計担当の鷹山さんの会話を見ていきましょう。

第8章 スケジュールと見積り

加藤 「お客様はマスタースケジュールとして、このような進行を想定しているようなんだ。予算から見て、あまり外れてはいないと思うけど、分析した結果としては、どう?」

鷹山 「そうですね。要件としては明確になっていると思います。『要求定義書』に書かれている業務の効率化と経理システムへの拡張を見ると、要件としてはこのぐらいの提案が妥当かなという感じです」

加藤 「お客様の業務の効率化の部分に、かなり幅があるようだなぁ。このぐらいの予算を提示しているけど、そのあたりはどうかな? 価格を低く見積りすぎていることはない?」

鷹山 「えぇ、大丈夫だと思います。コンサルタントも加わっているみたいですし、パッケージ導入と比較した上での予算枠だと思います。直接聞いてみないと分かりませんが、全体的な業務のリプレースではなくて、部分的な効率化、特に伝票の入力関係に集中しているところを見ると、この部分のシステム化が肝のような感じがしますね」

加藤 「そうみたいだね。伝票入力は、アルバイトが関わったり、いろいろな人が関わるので、コストがかかるという話だった。おそらく入力の効率化というよりも、入力についての教育コストが課題なんじゃないかな。これはお客様に、尋ねてみることにしよう」

鷹山 「そうですね。どのあたりに注力するかによって、システム化の重要点がズレてくるし、このくらいの予算だと、業務全体を変えるには無理があるし、そのあたりが今回のプロジェクトのポイントになるんじゃないでしょうか」

加藤 「そうするとだね、ここの部分と拡張部分は必要ないかもしれないね」

鷹山 「えぇ、私もそう思います。ヒアリングした段階でいくつかの要望が挙がっていたので、要件定義から抜き出してきたのですが、このあたりは不要な気がしています。これ、要件定義から削除してもいいですか?」

加藤 「そうだね。確認してみよう」

鷹山 「そうすると、ええと、概算的に言えば、スケジュール的にはこのくらい、人員としてはこのくらいの規模でできそうですね。若干の余裕を見ても、それほど、このマスタースケジュールとは大きく外れていなさそうです」

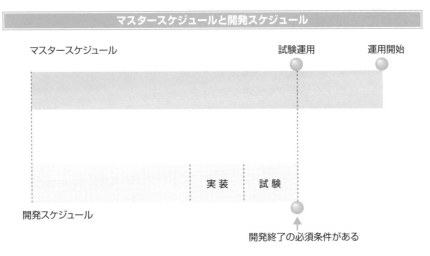

マスタースケジュールと開発スケジュール

提案書には、機能を明確にするための要件定義や、スケジュールや規模の根拠となる基本設計が必須になります。

　このとき、単純に機能を規模に直して開発スケジュールを立てても、あまり意味がありません。当初の予定としてある顧客のマスタースケジュールが基点となります。

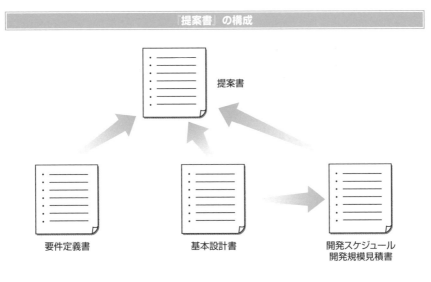

『提案書』の構成

見積りに必要な材料

開発スケジュールの検討に必要な材料は、「基本設計」「各種の機能の規模見積り」「配員計画」になります。これは単純な規模見積りの積み重ねで人月計算をしても、結果的にズレが生じてしまうためです。

配員計画については、重要な開発者の配員を軸にして、標準的な開発者を追加する計画を立てるとよいでしょう。

基本設計からは、機能割りの見積りを出すだけでなく、システム試験や運用試験の見積りの材料となります。たとえば、複雑なシステムの場合には、十分なシステム試験や運用試験が必要になります。顧客への規模を示す根拠となると同時に、システムの開発や導入を行う中で十分な品質を確保できるスケジュールを見積ることが大切です。

当然、要件定義をまとめている段階では、細かい機能の仕様は出てきません。しかし、概要ではありますが、基本設計を行う段階や見積りをより正確に行うための部分的な外部設計の作成を合わせて、それぞれの機能やコンポーネントの比較が出てきます。これをもとにして、ファンクションポイント法※や機能規模の比較をしてスケジュールを割り出すことも可能です。

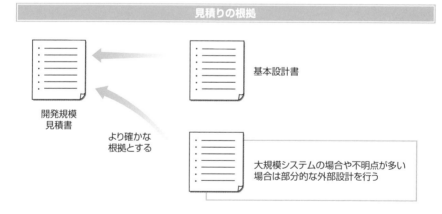

見積りの根拠

基本設計書

開発規模
見積書

より確かな
根拠とする

大規模システムの場合や不明点が多い
場合は部分的な外部設計を行う

※**ファンクションポイント法**……本文71ページを参照。

▶▶ 機能単位でスケジュールを決める

　また、スケジュールを決める段階では、マスタースケジュールを導入スケジュールと見なして、要件の規模で割り算をすることで、不明な要件の初期値の規模を計算することもできます。そのように、単純計算で割り出したスケジュールや規模をベースにして、この期間で作成可能かどうかを1つずつチェックしていきます。

　基本設計で、システムを機能単位や作業単位などにうまく分けられると、CCPM[*]の手法が利用できます。いくつかのタスクを平行開発にすることで、開発や導入期間を短くできます。

　また、ユーザー機能の単位で分けたり、中間リリースができるように最初の設計を行うことにより、アジャイル開発の手法を採用して、利用者のフィードバックを受けながら、開発途中で利用者の要望を取り入れることも可能になります。

　このあたりは、開発手法によって特徴があるので参考にしてみてください。

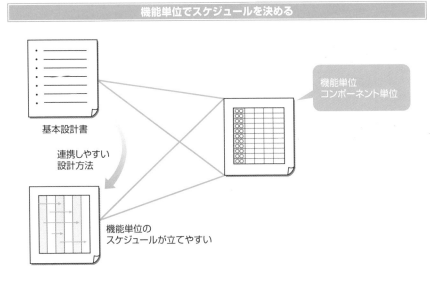

機能単位でスケジュールを決める

基本設計書

連携しやすい
設計方法

機能単位
コンポーネント単位

機能単位の
スケジュールが立てやすい

第8章 スケジュールと見積り

＊**CCPM**……Critical Chain Project Managementの略。プロジェクトを遅れから守り、工期短縮を実現することを目的に開発されたプロジェクト管理手法。それぞれのタスク期間を短くする代わりに、工程の最後にバッファを設けることで、集約して管理する

見積りの出し方

　システムを導入する場合には、ソフトウェア開発の見積りも必要ですが、同時にミドルウェアやハードウェアの設定に関わる見積書なども必要になります。これらの見積りは、『提案書』の中に見積書として含まれるため、基本設計と同時に行われることが一般的です。

▶▶ ハードウェアの見積り

　顧客側に運用部門や情報システム部門がある場合は、導入後の保守を引き継ぐことが多いために、あらかじめ要求定義内でOSや使用機器、開発言語、ミドルウェアの種類などが決められています。

　これに従った形で、**基本設計書**や**見積書**を作成することになります。

ハードウェアの見積り

インフラ新規システム見積書

イオマンテ株式会社

作業見積もり　　　　　　　　　　　　　　　　　（単位 千円）

項目	単価	人月	小計
設計	1500	1	1500
構築作業	1000	1	1000
試験	800	2	1600
その他技術支援	1200	2	2400
管理費	1500	0.5	750
工事費	300	1	300
		計（税別）	7550

ハードウェア見積もり　　　　　　　　　　　　　（単位 千円）

項目	価格	個数	小計
サーバー一式	4850	1	4850
ルーター（設定費用込み）	1200	1	1200
		計（税別）	6050

（単位 千円）

総計（税別）	13600

　プロジェクトマネージャの加藤さんは、自社の情報システム部門担当の**真島さ
ん**にハードウェアについての相談をしています。

加藤　「お客様からの要望は、OSと開発言語ぐらいだね。導入する機器は、こち
　　　らで選定してほしいそうなので、お願いできそうかな？」

真島　「ええ、このくらいの規模のならば、さほど大きなサーバーはいらなそうで
　　　すね。しかし、支社への導入という話もあるそうですし、拡張性も考えた
　　　ほうがよさそうですね」

加藤　「ネットワーク関係はどうかな？　将来的に経理システムへの接続を考えて
　　　いるようなんだけど」

真島　「もしかすると、このネットワークがクセモノかもしれません。既存のルー
　　　ターやハブの接続口が開いてない可能性がありそうですね」

加藤　「多分、そのあたりは、お客様も承知していると思う。今まで経理システム
　　　自体は独立して動いていたので、特にほかのシステムとの接続は考えてい
　　　なくて、専用の端末で動けばよいと考えていたみたいだ。経理システム全
　　　体を変えるとなると、一大事になってしまうので、まずは手始めに伝票入
　　　力だけ、というわけなんだ」

真島　「そうですか。伝票入力に絞っていても、将来性を考えると経理システムの
　　　ネットワークも同時に入れ替えたほうがよさそうですが、最低限のところ
　　　だけリプレースするという方法もありますね」

加藤　「そのあたりは、両方の案を見積りしてもらえるかな。お客様と相談したい
　　　ので」

真島　「ええ、いいですよ。後はデータベースですね。システム部門としては、何
　　　でも導入できますが、お客様や開発部門から指定はありますか？」

加藤　「データベースに関しては、お客様はよく分からないようで、こちらに選定
　　　してもらいたいそうだ」

真島　「このあたりは、基本設計を担当している鷹山さんと、お客様側のシステム
　　　部門に確認する必要がありますね」

加藤　「そうだね。直接、鷹山さんと相談してもらえるかな？」

真島　「そうしたいと思います。ネットワークについてもいくつか確認したいこと
　　　　があるので」

　ハードウェア関係の見積りは、基本設計と同時に決まっていきます。これを合計
して、『提案書』の中の『見積書』になります。

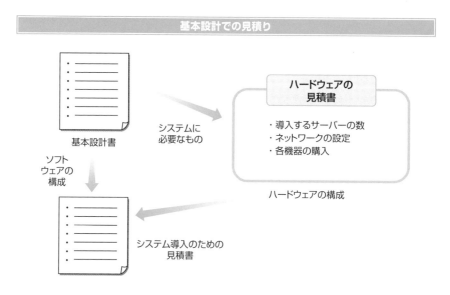

▶▶ 外部設計での見積り

　開発規模を選定する中で、各種設計書の作成や実装、その後の試験工程の見積
りもあります。

　内部設計や実装、単体試験の工程の見積りは、実装する規模から割り出してい
くとよいでしょう。これは、基本設計の中で、どのくらいの規模になるのか、過去
のプロジェクトと比較してどの程度の期間が必要なのか、あるいは、ユーザー機能
を割り出した形でファンクションポイント法などを使いながら、実装時の規模感を
基準にしながら、規模を見積っていきます。

　内部設計に先立って行われる**外部設計**では、基本設計のシステム概要の中から
見積りをします。外部設計と内部設計では視点が異なるため、規模の基準が異なっ

てきます。

　利用者の操作が複雑になっても、稀ですが内部設計でうまく共通化できれば規模が小さくなることもあり、逆に単純と思える操作でもネットワークや外部システムとの連携などから規模が多くなるパターンもあります。

　このあたりは、実装の規模と比例するものではありません。このような場合には、要件の数やボリューム、それに沿う形での基本設計から外部設計の規模を見積ります。外部設計の規模は、システム試験や運用試験の工数とも比例するところなので、期間も合わせて慎重に計画しておくとよいでしょう。

外部設計での見積り

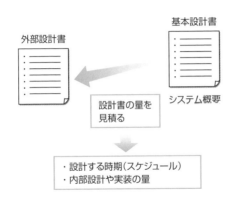

外部設計書

基本設計書

設計書の量を見積る

システム概要

・設計する時期(スケジュール)
・内部設計や実装の量

▶▶ 保守管理の見積り

　設計を見積るときに、**運用設計**や**保守管理**の項目が落ちてしまうことがあります。これは、無条件に項目として入れておいたほうが無難です。

　保守管理については、最初の要件定義の段階から忘れずに入れておきます。要件については、開発するソフトウェアやミドルウェアそれぞれの機能要件とは別に、システムを運用する上で必要不可欠な要素があるので、それらを見落とさないように見積りをしておくことが重要です。

　保守管理は、システムに詳しい開発者が扱う場合と、顧客の情報システム部門で行う場合では、作成するドキュメントの量や担当者の教育期間が異なってきます。

第8章　スケジュールと見積り

　形式的ですが、この違いを要件定義や基本設計の段階で明確にしておくと、見落としが少なくなります。

見積りの注意点

設計書作成の見積り

注意
・バックアップ設計、保守設計を忘れずに
・見積った規模と合わせて考える
・基本設計の機能一覧と合わせて記述すると、情報を管理しやすい

▶▶ 試験工程での見積り

　試験の工数に関しては、**試験の項目数**から算出してもよいでしょう。その場合には、前工程の項目数の10〜20%の試験を行う形で概算します。

　もちろん、システム試験や運用試験では試験の『手順書』を作成して試験を行うため、1日で消化できる試験項目数に違いが出てきます。また、ネットワークや外部システムの連携などを含めて、試験項目数の概算値を考慮します。

　このような調節を行った後に、試験工程がマスタースケジュールや開発スケジュールに乗るかをチェックします。工程ごとの相互チェックが、見積り段階での精度を上げる材料になります。

試験の項目数

試験仕様書

項目数の概算を決める

⬇

1日でこなす試験項目数を決め、予測される日数を出す

⬇

障害の発生率、項目の消化数で進捗が分かる

8-3

品質計画の立て方

　品質計画では、プロジェクトが作成するそれぞれの成果物（設計書やプログラムコードなど）をどのような方法で計測をするのか、また、計測された値をどのように評価するのかを計画していきます。

▶▶ 品質計画とは

　品質計画は、プロジェクトを開始するときに、どのように品質のチェックを行うのかを決める指針です。

　たとえば、プロジェクトの計画段階で、コード量に対する**単体試験の項目数**や、その単体試験で発生を許容できる**障害（バグ）の上限値**を決めておきます。そうすることで、内部設計やコーディングを行う段階で、『どの程度の単体試験項目数を盛り込めばよいのか』という目標値が分かります。これが**品質目標**になります。

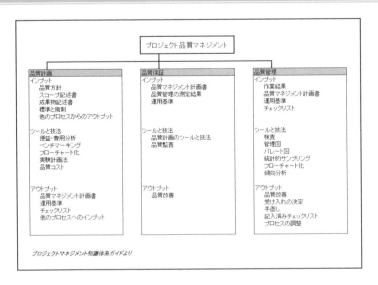

品質計画書の例

プロジェクトマネジメント知識体系ガイドより

　これは、あくまで目標値となるために、実際にコードの品質を確保するための理想値とは異なります。

　しかし、プロジェクトが逼迫してしまった状態や、プロジェクトメンバーにプログラミング能力が低い新人開発者が含まれる状態では、この目標値が一定品質の歯止めになります。

　極端に少ない単体試験の項目数や、標準よりも極端に多いバグの数を検出した場合には、そこにはなんらかの原因が潜んでいることが分かります。そのように調査結果から改善行動へのきっかけにするためにも、品質計画を立てて、それらを計測していくことがシステム開発（ソフトウェア開発）では重要になります。

　今度はプロジェクトマネージャの加藤さんと、外部設計も担当するプロジェクトリーダー、桜井さんの会話です。

加藤　「このプロジェクトの品質計画は、数値的には社内の目標値に準ずる形で大丈夫かな？」

桜井　「えぇ、開発プロジェクト的には、過去のWebサイト構築のプロジェクトと規模的に変わらないので、そのあたりは大丈夫ですね。コード量に関しての単体試験の目標値、結合試験の目標値もそのまま流用しても構わないと思います」

加藤　「**システム試験**に関してはどうなの？　今回、将来的に経理システムとの結合が発生する可能性があるので、そのあたりの機能は重点的にチェックする必要があると思うけど。普通の会計システム並みの目標値を持ったほうがいいかな」

桜井　「そうですね。普通は、金額に関するところは運用時のリスクが高いところなので、限界値のチェックや網羅性も含めて、厳しい目標値を立てたほうがいいと思うのですが、それだと、この開発スケジュール的に厳しいものがあります。以前、基本設計を担当された鷹山さんの話では、この拡張性の部分は、後々、部品を切り離して、再チェックするほうがよいという説明をしてもらっているので、標準よりも厳しいチェックは必要ないかもしれません」

加藤　「そうだね。最初の見積り段階の思惑からすれば、ここに余分な負担をかけ

るべきではないかもしれないね。となると、標準的なチェック項目を出して、一通りこなして品質を確認するということで十分かな？」

桜井　「そうですね。結合試験での網羅性を若干、落とした形で、試験をしてもいいのではないかと思います。ある意味で仮組みの状態でもあるし、外部からの接続を防御できれば十分なので、具体的な数値での網羅性というよりも、システム試験の中で、ネットワーク越しにエラー値を返していることを確認する程度で十分じゃないでしょうか」

加藤　「了解。そのあたりは、品質計画に特記事項として書き加えておこう。社内の品質検査で注意されるところだし、あらかじめ検討済みであることを記しておくのが重要だからね」

桜井　「えぇ、運用試験としては、全体のマニュアルを通すことになるので、社内の標準値で十分そうですね。効率化できないこともないでしょうけど、近々、支店での運用も含めていくわけですから、きちんとマニュアル通りの運用ができるかどうか、性能的な問題がクリアできているかどうか、をチェックするのは必須だと思います」

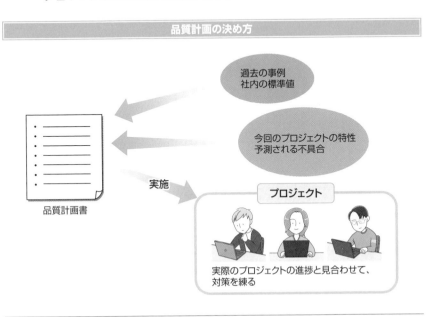

品質計画の決め方

過去の事例
社内の標準値

今回のプロジェクトの特性
予測される不具合

実施

プロジェクト

品質計画書

実際のプロジェクトの進捗と見合わせて、対策を練る

第8章　スケジュールと見積り

▶▶ 試験工程での品質計画

　プロジェクトの計画時には、試験項目の目標値やコードへの網羅性、社内の品質標準値との兼ね合いを考えつつ品質計画を立てていきます。

　具体的に、試験を行う段階になったときには、実装されたコード量の取得、それに対する項目数の抽出、カバレッジ※などのツールによる網羅性の検査結果などを拾い上げていきます。

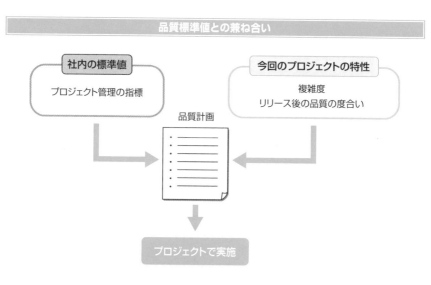

　試験内で不具合が発生した場合は、工程内での不具合件数だけでなく、どのような原因や工程が欠陥の原因となっているのか、どのような機能や部品（モジュールやコンポーネントなど）に不具合が集中しているのかを常時監視していきます。

　これらと試験項目の消化具合を比較し、過去の似たようなプロジェクトと比較しながら、試験工程の進み具合を自己チェックしていきます。

▶▶ 設計工程での品質計画

　品質計画は、試験工程で扱うだけでなく、設計工程自体の作業量のチェックを行うこともできます。

※ **カバレッジ**……プログラム中のコードがどれくらい実行されたかを分析すること、およびそのツール。カバレッジの分析ツールには、Eclipse Test and Performance Tools Platformの「カバレッジ統計ビュー」などがある。

　当初の規模見積りから大きく外れる分量で『設計書』が出来上がってきた場合には、規模の再検討が必要ということになります。

　これは開発規模見積りをした段階の基本設計時の見通しから、実際に外部設計や内部設計を行っていく段階で、その見通しからズレている可能性が高いことを示しています。このズレは、当初の見積りからズレて開発規模が大きくなってしまっているか（あるいは小さくなってしまっているか）、あるいは、基本設計の見通しから設計の見落としや考慮不足が発生してしまい、十分な『設計書』の情報量が作成できていないか、という2つの理由が出てきます。

　これらを自己チェックするためにも、プロジェクト計画時に品質計画を立てて、プロジェクトを実際に実行するときの羅針盤としての機能を果たしていきたいものです。

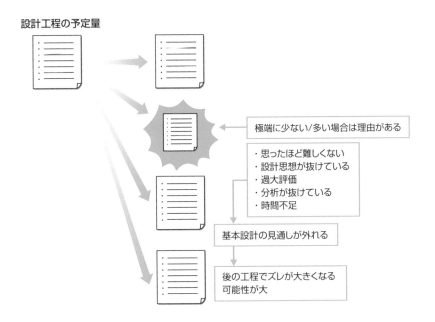

設計工程での品質計画

設計工程の予定量

極端に少ない/多い場合は理由がある

・思ったほど難しくない
・設計思想が抜けている
・過大評価
・分析が抜けている
・時間不足

基本設計の見通しが外れる

後の工程でズレが大きくなる可能性が大

8-4
構成管理の実行方法

『プロジェクト計画書』では、プロジェクトで作成される成果物を決めておきます。また、プロジェクトが進んでいる段階では、作成されつつある成果物を整理していく必要があります。ここでは、情報として最新版を管理するためのバージョン管理ツールを例にとって説明していきます。

▶▶ 構成管理とは

プロジェクトで作成される成果物は、「作成者」や「バージョン管理」のための**構成管理**が必要になります。

最初にプロジェクト計画を行う段階で「どのような文書を作成するのか」「文書を管理するときの通番（連番）などはどのように決めるのか」「文書を修正したときにはどのようにバージョン（版数）を上げていくのか」ということを決めておきます。

ソースコードに関しては、Gitのような**バージョン管理ツール**があるので、これを利用するとよいでしょう。

バージョン管理ツールの例

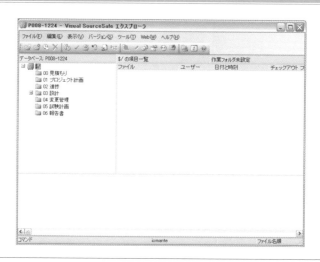

　設計書などの文書に関しては、表紙にバージョン（版数）を記述したり、作成者による**修正履歴**を付加したりして、構成管理をしていきます。

　引き続き、プロジェクトマネージャの加藤さんと、外部設計も担当するプロジェクトリーダー、桜井さんの会話です。

加藤　「ソースコードの構成管理は、社内標準のツールを使うとして、文書管理は、どうする予定？」

桜井　「文書管理は、既存のプロジェクトを参考にして作っています。通常のファイル名による分類と、文書の表紙にバージョンを付加することと、作成者の名前を書くこと。後は、バージョンアップしたときに日付ですね。修正履歴は、Wordの履歴を利用してもよいのですが、今回は、あまりバージョンアップが少ないと思うので、手作業で文書に記述していく方法をとります」

修正履歴の例

要件定義書

更新履歴

バージョン	変更内容	作業者	作業日	承認者
1.0.0	新規作成	佐藤	2007/4/2	吉田
1.0.1	記述漏れを追記	佐藤	2007/4/3	吉田

加藤　「顧客とのやり取りはどうする？　今回は、中途で設計書を提出することは少ないだろうけど、内部的にバージョン管理をしていく部分と区別しておく必要があるし……」

桜井　「そうですねぇ。ネットワーク関係の設計が先行する関係から、開発とはズレた工程が必要そうですね。経理システムを考慮する前のバージョンと、考慮した後のバージョンに分かれそうです。コーディングから結合試験ま

での時間をできるだけ取りたいので、経理システムとは関係ない部分では、先行する形で論理設計から機材導入とつなげていく予定です」

加藤 「文書の流れが少し複雑になりそうだけど、どうかな？」

桜井 「いえ、そう複雑になるわけではありませんよ。基本は、外部設計を押さえる形で導入へと進んでいくので、ネットワークの物理設計以外の場合は、社内のプロジェクト標準の流れと同じになると思います。もちろん、経理システムの考慮バージョンが入った段階で、若干見直しをすることになりますが、なんとかクリアできる問題だと思います」

加藤 「そのあたりは、大丈夫そうだね。情報の流れ的にも、これは問題なさそうだし、『プロジェクト計画書』に書いておくよ」

構成管理の例

	文章名	管理	設計	実装	試験
5	プロジェクト計画書	○			
6	業務分析報告書	○			
7	スコープ定義書	○			
8	資源計画書	○			
9	組織計画書	○			
10	品質計画書				○
11	品質管理シート				○
12	リスク管理計画書	○			
13	データベース論理設計書		○		
14	データベース物理設計書		○		
15	トランザクション設計書		○		
16	伝票入出力外部設計書		○		
17	伝票入出力論理設計書		○		
18	伝票入出力物理設計書		○		
19	管理機能外部設計書		○		

構成管理

▶▶ バージョン管理のメリット

　構成管理では、プロジェクトで作成される成果物をあらかじめ特定しておくと同時に、作成途中の**バージョン管理**（版数管理）の方法を記述しておきます。

　ツールを利用するのほかに、「最新バージョンを参照しながら設計や実装を行っているかどうか」「顧客や協力会社に配布したものが、どの時点のバージョンなのか」という判別に利用します。

　実装がある程度進み、モジュール単位やコンポーネント単位（WindowsのDLLライブラリなど）でチェックができる段階になったとき、この単位でバージョン管理ができるようになると配布が楽になります。

　バージョン管理ツールでは、ソースコード単位でバージョン管理を自動的に行うこともできますが、結合試験以降では、コンポーネント単位の試験が主となるために、バージョン管理もこの単位で行っておくと便利です。

　特に、複数の会社でライブラリやコンポーネントを相互にやり取りする場合などは、頻繁なソースコードのバージョン管理よりも、一定期間まとまった形で試験を継続できるように、コンポーネント単位で**中間リリース**をすると、不具合の発生から修正、そして再リリースとの中での時間の確保がしやすくなります。

バージョン管理による修正の管理

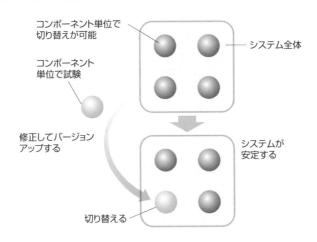

- コンポーネント単位で切り替えが可能
- システム全体
- コンポーネント単位で試験
- 修正してバージョンアップする
- システムが安定する
- 切り替える

COLUMN ## カバレッジ率にこだわるべきか？

　単体試験や結合試験などが適切に行われているのかを調べる指標として「カバレッジ率」があります。テストを行ったときのコードの位置を記録しておき、プログラム全体のコードが網羅されているかどうかをチェックする仕組みを使います。

　テストによって、すべてのコードが動作していればカバレッジ率100%という値になります。当然のことながら、まったく動作させていないときは0%です。

　一般なテストでは、カバレッジ率は100%にはなりません。コードの中には例外処理の記述や安全のためにマッチングしないケースにもコードを記述していることがあり、普通にテストしているだけでは通らない部分ができています。

　そのため、一般的なカバレッジ率は70%から90%を指標として使われることが多いのですが、特に理論的な根拠がある値ではありません。ですから、厳密な形で一定のカバレッジ率そのものを品質の指標としてしまうのはあまり適切ではないでしょう。

　複雑なロジックと単純なロジックでは、同じカバレッジ率だとしても試験がコードを通す回数は異なってしまいます。しかし、1つの指標として「ほどよく試験が網羅されている」という範囲を指定した比率には意味があります。

　活用方法としては、不具合の多いモジュールやクラス設計に対して「相対的に低い」カバレッジ率を見ることがたびたびあります。同じシステム内で極端に低いカバレッジ率を示すモジュール（あるいはクラス）は、見落としが多いのではないかという予測が立ちます。これの予測を払拭するために、カバレッジ率を上げる＝網羅性を高めた試験をするという手法は十分に有効でしょう。

第**9**章

工程の進め方

　ここでは、計画を実施するパターンとして、具体的に要件定
義工程、設計工程、実装工程、試験工程での内容を見ていき
ましょう。

進捗の管理

　プロジェクトマネージャは、プロジェクトの進行状態によってプロジェクトを成功させる(要件を満たす)形で調節を行っていきます。一方で、プロジェクトリーダーは、成果物（設計書やプログラムなど）が円滑に作成されるように仕事の割り振りをしていきます。

▶▶ プロジェクト実行の3つのフェーズ

　まず、プロジェクトを始めるにあたり、①計画を立てる、②計画に沿って実行していく、③現実に変化があれば追随して一つひとつ解決していく、というような3つのフェーズが最終的に成功するプロジェクトのキーになります。

①計画を立てる

　プロジェクトを進めるためには、**最初の見通しのみで計画を立てること**が必要です。最初の計画がなければ、プロジェクトマネージャ自身も含めて、プロジェクトメンバーがどこに行こうとしているのかを理解できません。

　これは、要件定義や基本設計を含めた『提案書』を提出する段階で、「開発スケジュール」と「開発予算」で決定されます。現実問題として変わる可能性がある計画でも、指標として1つの計画を立てておく必要があります。

②計画を実行する

　次に、**計画を一つひとつ実行していくこと**が重要です。最初に立てた計画に従って、次のステップ、その次のステップという形で実行していきます。「開発スケジュール」や各工程の計画に従い、作業量を確認しながら一歩一歩進んでいきます。

　計画と実行は、プロジェクトを成功に導くための重要な要素です。綿密な計画であり、妥当な計画を立てて、その見通しを実現させることでプロジェクトが動かなければ、システム開発プロジェクトの成功率は単なる賭けになってしまいます。

　目的地へ至る道筋を描いた地図を持つこと、そしてその地図を手元に持って進

むことが最初のステップです。

計画と実行の関係

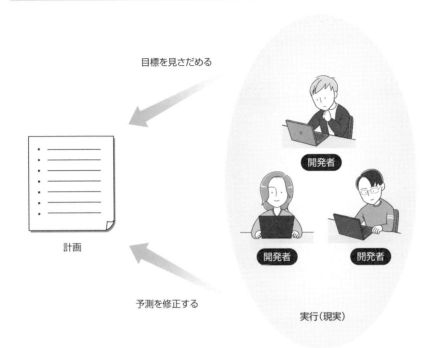

目標を見さだめる

計画

予測を修正する

開発者

開発者　　開発者

実行（現実）

③計画を修正する

　プロジェクトを成功させるためにさらに重要なポイントは、**現実と向き合うこと**です。すべてのプロジェクトが最初の計画通り進むわけではありません。実行する段階になって、あれこれと障害や問題が出てきます。思わぬ問題も頻発してきます。

　それらの問題を一つひとつ認識して、解決や回避していくことが大切です。問題を無視したり、脇に追いやって後回しにしてしまい、計画に沿うことを重視しすぎると、プロジェクト全体に無理が出てきます。

　最初に立てた計画を、少しずつ修正しながらも目的を達成できるような対応が現実のプロジェクトには求められます。

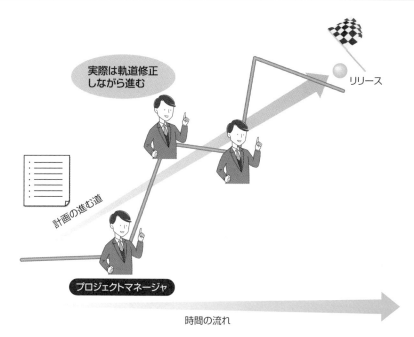

この3つのフェーズは羅針盤を使った船旅に例えられるでしょう。目的地に達成するための地図を片手に持ち、一歩一歩前進するのと同時に、まわり（羅針盤）をよく見て自分たちの現在位置を確認することです。

これら3つが揃うことによって、はじめてプロジェクトは目的地に達成できる、つまりは、安定したシステムを開発できるということになるでしょう。

▶▶ プロジェクトマネージャ、プロジェクトリーダーの役割

顧客にシステム開発の『提案書』を提出する段階で、プロジェクトの計画が決まります。まず、開発スケジュールや各工程の作業量を見積り、顧客のマスタースケジュールと併せて、システム開発が実施可能であるかどうかを確認します。そして、顧客と開発者側の双方の合意が取れたときに、はじめてプロジェクトはスタートします。

●プロジェクトマネージャの役割

　プロジェクトマネージャ（本書では加藤さん）は、開発状況を見つつ、状況によっては顧客との調節役を果たします。プロジェクトは生き物ですから、すべてが計画通りに進むとは限りません。

　プロジェクト途中の**マイルストーン**をチェックしながら、マスタースケジュールをクリアできないようであれば人員の補充を考えたり、機能の削除などを顧客と検討したりします。

　当然、機能を落とせない場合や、契約上クリアしなければいけない問題、予算的な問題などもプロジェクトマネージャの仕事にかかってきます。

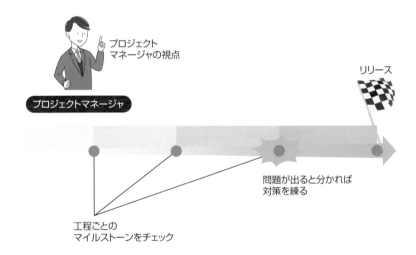

プロジェクトマネージャの役割

プロジェクト
マネージャの視点

プロジェクトマネージャ

リリース

問題が出ると分かれば
対策を練る

工程ごとの
マイルストーンをチェック

●プロジェクトリーダーの役割

　プロジェクトリーダー（本書では桜井さん）は、開発プロジェクトが計画通りにスムーズに進めることの先導役になります。

第9章　工程の進め方

　設計工程やコーディングを行う実装工程の進捗状況を見ながら、後に控えている試験工程の状況の見通しを立てていきます。もちろん、当初の計画に沿うことが第一目標になります。

　開発メンバーの作業状況を見ながら仕事の割り振りを決めたり、それぞれの得手不得手を把握して、より効率よく動けるチーム作りをしていきます。予想に反して工数がかかるような場合には、プロジェクトマネージャと相談して、人員を増やすことや機能削減の提案などを検討していきます。

　当然、人員を増やすにしても、工程により導入教育や事前準備がありますので、そのあたりも考慮しながら実行に移していきます。

プロジェクトリーダーの役割

プロジェクトリーダー

開発者

開発者

開発者

作業状況を見て、スムーズに動けるように調整する

要件定義工程での進め方

　要件定義の段階では、これから開始されるプロジェクトの全容を掴むことが大切になります。一定期間を取ってシステム概要を作成し、システムを構築するための規模（日程や労力）や実現性を確認しておきます。

▶▶ 期間を区切る

　基本設計でシステム概要を作成するときは、画面の概要や『ユースケース記述』をひとまとまりとして扱うとやりやすくなります。『提案書』を作成するための基本設計の場合、システム開発を行うときの前段階としての**要件定義**の工程で、『アクティビティ図』や『ユースケース記述』を行いながら分析し、システムの要件を取りまとめていくことになります。

　また、その一方、顧客からの『要求定義書』に描かれるマスタースケジュールを睨みながら、期間を区切って作業していくことも要件定義の工程では求められます。

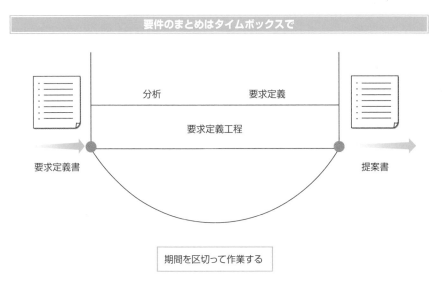

要件のまとめはタイムボックスで

分析　　　　要求定義

要求定義工程

要求定義書　　　　提案書

期間を区切って作業する

　以下は、スケジュールの打ち合わせをしているプロジェクトマネージャの加藤さんと基本設計担当の鷹山さんの会話です。

加藤　「伝票入力の関連の『ユースケース記述』は、出し尽くしたつもりだけど、そのあたりはどう？　鷹山さんの見た感じでは、**基本設計**に手を出せそうかな？」

鷹山　「そうですね……。おおまかな画面イメージはできると思います。新しいシステムとしての『ユースケース記述』をしている段階で、だいたいの画面数は把握できたので、それを基本設計の中に振り分けることになりますね」

加藤　「**画面設計**としては、どのくらいの規模になりそう？」

鷹山　「実装的に揺れるところもあるでしょうけど、4画面前後になりそうですね。管理や保守用の画面も合わせていけば、もう少し増えると思うのですが、これは別途、検討していったほうがよさそうです。『ユースケース記述』に合わせていくと、伝票の入力パターンに合わせて、概要的な項目は割り出せそうです」

加藤　「**システム概要**は、どのようになりそう？」

鷹山　「内部的なコンポーネントの分類としては、こんな形の図になりました。主に伝票データを入力して蓄積していく部分と、それらのデータを分析していく形の部分、後は、将来的な経理システムの結合のために分離させておく部分と、そのほかの管理関係の部分になります」

加藤　「なるほど、要件とのマッチングは大丈夫だね。システム化するときの過不足もなさそうだし、『アクティビティ図』とのマッチングができれば、後は基本設計の整理をするだけ、という感じかな？」

鷹山　「そうですね、『アクティビティ図』の手順のほうが若干やっかいな部分を含んでいるみたいです。阿部さんの話の中では、アルバイトが入力する画面のパターンを考えていく必要があって、そのあたり、ベテランの入力とどのように差を付けていくか、というのがポイントになると思います」

加藤　「あぁ、あの話ね。そう、それは開発規模を見てから削減するという方向でもよさそうという話をしてきたよ。予算的な余裕があれば、いくつかのパ

ターンを用意したほうがいいんだけど、今回は、まずは初心者にターゲットを絞ってシステム化する、という話なんだ」

鷹山 「そうですね。見積りを出すために、ここでは数画面のパターンを出す設計をしておきます。そうしないと、開発規模に誤差が出てしまうので。その上で、削ってしまった場合のパターンも準備しておきましょう。開発スケジュール的には乗ると思うので、後は、教育コストの問題とかも絡めて判断を仰ぐのがよさそうです」

要件とのマッチング

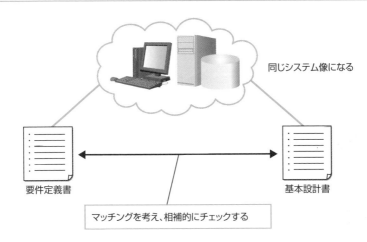

同じシステム像になる

要件定義書 ←→ 基本設計書

マッチングを考え、相補的にチェックする

▶▶ ボリュームの検証

　要件定義の工程では、要件が一つひとつ基本設計の中で考慮されているか、実装する形でシステム概要として考慮されているかが焦点になってきます。

　この工程のボリュームは、要件定義自体のボリュームにも関わるものですが、基本設計を行う設計者の経験によるものも大きいと考えられます。当然、規模が大きくなれば、複数の人数でこれらの検証を行う必要があります。

　その中で、適切なスケジュールで要件定義を終えられるかどうかは、タイムボックス管理形式で各要件を区切ってしまうのもよいでしょう。要件定義や基本設計は、ある一定の期間で作成されることを求められるので、**全体をまんべんなく網**

羅して、考察漏れが少なくなるように工数配分を行うことが必要になります。

　システム概要ができると、システムの**機能一覧**が作成できます。開発の見積りでは、機能単位で作業見積りを行うことが多いので、この一覧の中に具体的な作業量を割り振っていきます。

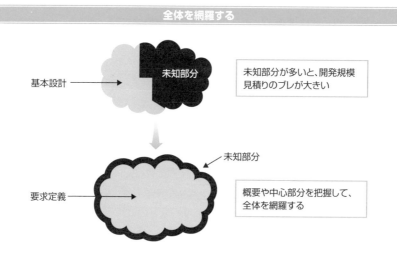

全体を網羅する

基本設計

未知部分

未知部分が多いと、開発規模見積りのブレが大きい

未知部分

要求定義

概要や中心部分を把握して、全体を網羅する

機能一覧の例

大項目 ▼	重要度 ▼	機能名 ▼	小項目 ▼	機能概要 ▼
機能一覧				
伝票データ関連	高	伝票入出力機能	1	販売伝票を入力する。
	高	伝票入出力機能	2	入力した伝票を一覧表示する
	高	伝票入出力機能	3	入力済みの伝票を修正する
	高	データ分析機能	2	販売伝票のデータを蓄積する
	高	データ分析機能	3	蓄積したデータから統計情報を作成する
経理関連	高	経理システム連動	1	既存の経理システムとの連携を予定する
	高	経理システム連動	2	現時点では接続部分のみ作成する
管理機能	高	ユーザ管理機能	1	利用者のログイン制御を行う
	中	ユーザ管理機能	2	利用者の権限管理
	高	統計情報管理機能	3	統計データの分類項目管理

Sheet1 / Sheet2 / Sheet3 /

9-3

設計工程での進め方

設計段階では、外部設計と内部設計の2段階があります。それぞれの設計の違いは、利用者側の視点と、実装側の視点との違いになります。

▶▶ 外部設計の進め方

外部設計では、基本設計でのシステム概要を受けて、それぞれの機能をユーザー視点で掘り下げていきます。ただし、システム概要では記述されなかった、例外事項や細かな操作方法には踏み込んでいきません。

外部設計の視点

基本設計書

外部設計書

システム概要を
ブレークダウン

システムを操作する側の視点

利用者

外部設計を担当している桜井さんと、内部設計と実装を担当していく長島さんとの会話を見ていきましょう。

桜井 「外部設計の進捗具合としては、あと1週間で完了というところですね。先行して渡した部分がありますが、それを読んでみてどうですか？ **実装イメージ**とか付きそうですか？」

長島 「今回のプロジェクトの場合は、要件もかなり明確になっているし、既存の『アクティビティ図』からのブレも少ないので、実装イメージはしやすい

ですね。伝票入力の操作の部分を、どこまで汎用化するかにもよるのですが、これだと当初の見積りから大きく外れることはないと思います」

桜井 「設計思想としては、将来的な積み残しは、多少残念だけどそのままにしておくという方針ですからね。まずは、マスタースケジュールにある納入と運用するための品質の確保が問題になるはずです」

長島 「そうですね。昨日、もう一度、基本設計を見直してみたのですが、伝票入力や分析機能に関しては、外部設計よりも内部設計のほうが簡単になりそうです。このあたり、利用者が操作する部分が多いのですが、実装的には、画面と内部ロジックをうまく分類させることによって、項目の入力判定などは既存のライブラリを流用できるので、結構、効率化できるんじゃないでしょうか」

桜井 「そのあたりは、長島さんにお任せします。外部設計としては、要件と基本設計を睨みながら、その範囲で操作を決めていくことになりそうなので。期間的なボリュームとしては、当初の見積り通りだし、実装段階で効率化できれば、それに越したことはないし、という感じなので」

長島 「あ、そうそう、この経理システムとの連携の部分なんですが、ユーザー機能がほとんど煮詰まっていないような気がしています。このあたり、実装的なボリュームとしては、どんな形を考えてます?」

桜井 「え〜と、そのあたりは、未確認というよりも、コンポーネント的に保留にしてほしいという意向らしいです。今回はコストをかけずに、外部のインターフェイスの口だけを用意しておくことを望んでいて、そのあたりは、ユーザーインターフェイスとしては、あまりないけども、実装としてはいくつか作り込みが必要になってくるかもしない、と鷹山さんから聞いています」

長島 「そうですか。外部のインターフェイスの口を用意するにしても、単体試験や結合試験の項目をこなさないといけないから、それなりに工数はかかりそうですね。作業量としては、この部分、どのくらいを見込んでいます?」

桜井 「鷹山さんの話では、あまり作り込みをしない形で作業を見積っているみたいですよ。このあたりは、品質計画との絡みもあるけど、スケジュールに

　　　合わせるように作業量を考えていったほうがいいんじゃないでしょうか」

長島　「そうですね、分かりました。外部設計は、固まっている部分もあるので、
　　　そのあたりから内部設計をしていきますね」

　外部設計から内部設計、あるいは、内部設計から実装へという流れであっても、
それぞれの工程の完了を待たなくても良い場合があります。これらの判断は、設
計者そのものやプロジェクトリーダーに任されるものなのですが、仕上がりの度合
いを見て論理設計から物理設計（実装を含む）に進捗を流していっても構いません。

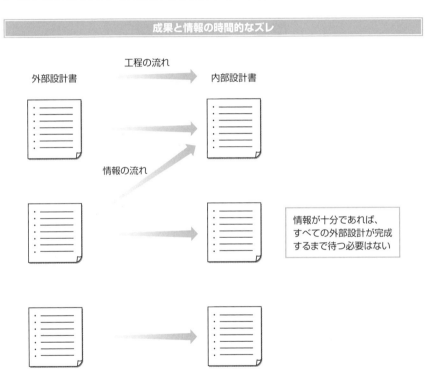

成果と情報の時間的なズレ

工程の流れ

外部設計書　　　　　　　　　　　内部設計書

情報の流れ

情報が十分であれば、
すべての外部設計が完成
するまで待つ必要はない

▶▶ 内部設計の進め方

　内部設計では、クラス図やシーケンス図、フローを書いた箇条書きを明示的に
書くこともありますが、そのまま実装に移ってしまうこともあります。このあたり

のステップは柔軟に考えるとよいでしょう。

　たとえば、単純なライブラリを使う形の実装では、複雑なフローチャートを残すよりも、簡単な箇条書きをソースコードのコメントで残しておくだけでも十分な場合があります。

クラス図の例

　しかし、将来的に機能拡張する予定があったり、いくつかのクラスが連携して動作するシーケンスが必要になる場合には、別途、内部設計の工程や時間を新たに取り、実装に先行する形で**設計書**を残しておいたほうがよいでしょう。

　これらの文書を残しておくと、工程の途中で**レビュー**※を行うことが可能です。担当した作成者だけの視点だけでは見落としがちな設計ミスを、複数の目で確認することによって、後に控えている試験工程の作業が楽になってきます。

　これらの『設計書レビュー』や、ソースコードの確認のための『レビュー』は、作業を見積るときに忘れずに入れておきましょう。

※**レビュー**……本文16ページを参照。

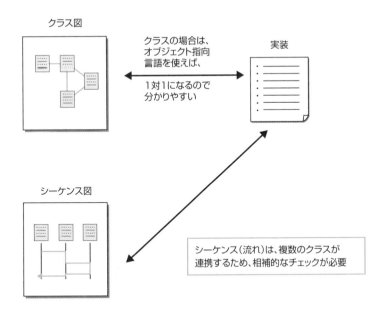

詳細を残すポイント

クラス図

クラスの場合は、
オブジェクト指向
言語を使えば、

1対1になるので
分かりやすい

実装

シーケンス図

シーケンス(流れ)は、複数のクラスが
連携するため、相補的なチェックが必要

▶▶ 完成度合いの検証

　設計書の完成度合いは、プログラムの完成とは異なり、目に見えにくいものです。どの程度、設計書が完成しているのか、あとどのくらいで外部設計の工程が終了しそうかを確認するためには、要件定義の工程と同様にタイムボックス管理形式の進捗管理を行うとよいでしょう。

　設計書の完成度合いは、基本設計や外部設計などの工程で作成した機能一覧を目安にして、一つひとつの完成を推し量っていきます。それぞれの機能単位で、次の内部設計にスムーズに情報がいきわたるかどうかが判断基準になります。

　具体的に、内部設計や実装を担当する開発者に素読してもらう方法もありますし、**検証レビュー**でチェック機関を設けて、次の段階に進めるかどうかを第三者的にチェックしていく方法もあります。

第9章　工程の進め方

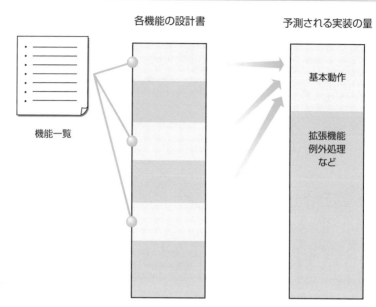

完成度の目安

各機能の設計書　　　　予測される実装の量

機能一覧

基本動作

拡張機能
例外処理
など

対応する実装の量を確認する

レビュー表の例

レビュー管理表

項番	実施日	対応予定日	対応日	担当者	分類	状態	概要	問題点
MR-RQ0000-001	2007/03/01	2007/03/08	2007/03/03	三谷	要件定義	終了	要件定義第1回レビュー	貸軽管理表参照
MR-RQ0000-002	2007/03/04	2007/03/11	2007/03/08	三谷	要件定義	終了	要件定義第2回レビュー	既存システムの仕様で不
MR-SK0000-001	2007/03/07	2007/03/21		鈴木	基本設計	作業中	基本設計第1回レビュー	既存システムの仕様書が
MR-SK0000-002	2007/03/07	2007/03/21	2007/03/14	鈴木	基本設計	終了	基本設計第1回レビュー ネットワーク設計	担当者が不在
MR-RQ0000-003	2007/03/07	-	-	三谷	要件定義	終了	要件定義第3回レビュー 新規追加機能について	なし
MR-RQ0000-004	2007/03/14	2007/03/21		三谷	要件定義	作業中	要件定義第4回レビュー 既存システムとの連携について	貸軽管理表参照

実装工程での進め方

実装工程には、内部設計を受け渡され、それらをコードで記述していくコーディングのみに集中するスタイルと、アジャイル開発のように、内部設計、実装、単体試験を一括で行うスタイルがあります。

▶▶ 2つのスタイルの進め方

実装工程でコーディングに集中するスタイルでは、内部設計にクラス図やシーケンス図のほかに、詳細なフローチャートが必要になります。

これは、簡易的にフローを記述した箇条書きでも構いません。それぞれの処理をクラスのメソッドとして実装していく場合には、内部設計で書かれている情報を元に、プログラムコードに移し変えていきます。

これらの作業の進捗状況は、内部設計全体のボリュームと終了した内部設計の量に換算されます。

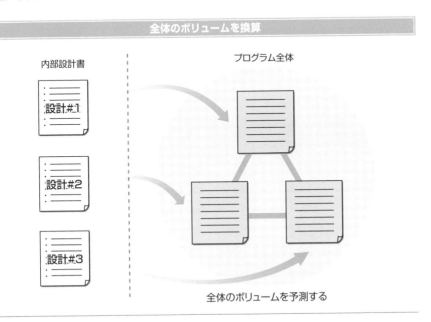

全体のボリュームを換算

内部設計書 プログラム全体

設計#1

設計#2

設計#3

全体のボリュームを予測する

　一方、アジャイル開発[*]のように、内部設計、実装、単体試験を一括で行うスタイルの場合には、単体試験をクリアしたコードが完成したコードと見なした進捗形式になります。これは、単純にコードを記述した段階では、動作としての完成度は見えず、実装工程の終了の目安が見えなくなってしまうためです。

アジャイル開発での進捗

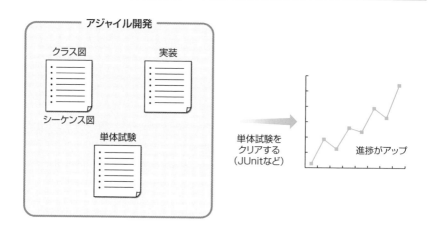

　どちらの方法であっても、最終的には**結合試験**に入れるだけの品質を確保することが重要です。コーディングに集中する場合には、別途、単体試験の項目を洗い出し、それをクリアすることによって、試験工程へと進む必要があります。

　外部設計を担当した桜井さんと、それを引き継いで内部設計と実装を担当する長島さんの会話を見ていきましょう。

桜井　「内部設計の具合はどうですか？　日程的には、現在半分を経過したところですけど、実際にはどんな感じになっていますか？」

長島　「実装と併せて確認している部分もあるので、若干、遅れぎみという感じですね。単体試験の組み合わせとしては、全体の基盤的な部分から始めているので、高い品質を確保するためにかなり慎重に進めているという形ではありますが……」

※**アジャイル開発**……本文15ページを参照。

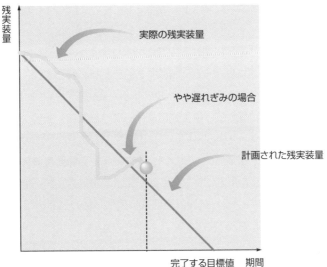

残実装量の計画

桜井　「まぁ、プロジェクトのバッファとしては、このぐらいは許容できる範囲なので、あまり気にしなくていいと思います。きちんと品質が確保できれば、後の工程での不具合が減るわけだし、そのあたりの規模見積りに多少揺れがあっても構わないでしょう」

長島　「えぇ、土台の部分が完成すれば、そのほかの部分は平行して作成していくことが可能なので、もう少し開発スピードは上がると思います」

桜井　「あと、単体試験の具合はどうでしょうか。試験の中で出てきた不具合を分析して、その後の予想を立てたいのですが……」

長島　「今のところ、目立った傾向はありませんね。多少、内部設計にフィードバックするとろはあると思うのですが、要件定義や基本設計に関わるような部分のものは見つかっていません。もう半分を過ぎていますし、お客さんにフィードバックをかけるにしても、予想としては、2点ぐらいがいいところじゃないでしょうか」

桜井　「それはいいですね！　外部設計との関連はどうでしょう。網羅できそうですか？」

第9章　工程の進め方

長島　「単体試験としては、大丈夫そうですね。最終的には、システム試験で確認することになるのですが、実装側の視点としては特に問題なく機能しそうです」

　プロジェクトの規模や開発に関わる人数にもよりますが、内部設計では実装の見通しが立てられるまでのボリュームに留めておくことが必要です。

　開発するシステム（ソフトウェア）が要求する品質の度合いにもよるのですが、プロジェクトの標準化に従って、成果物に固執して『設計書』を仕上げていくことは、かえってプロジェクトを失敗に招いてしまいがちです。

　実装される**コード量**や**作業量**のバランス、実装に携わる**開発者のスキル**や**チームとしての熟練度**を考慮した形で、プロジェクトごとに判断していくことが重要です。

　その上で、実装されたコードを設計や要件に照らし合わせる形で、検証作業としての試験工程が必要になってきます。

作業量のバランス

詳細すぎる内部設計書

実装

ほぼ同じになる労力が大きい

実装

必要な部分のみを
作成して利用する

試験工程での進め方

試験工程では、出来上がったプログラムコードが設計書通りに作成されていることを確認すると同時に、導入されるシステムとして品質が十分であるのか、顧客からの視点でシステムとしての要件が満たされているかどうかをチェックしていきます。

▶▶ 基本的なものから複雑なものへ

試験工程には、単体試験、結合試験、システム試験、運用試験という分類があります。それぞれの試験工程では、チェックするポイントが異なるので、工程自体を省いてしまうことは望ましくありません。

短期間ではあっても、システムを検証する視点を変えてチェックをしていくとよいでしょう。

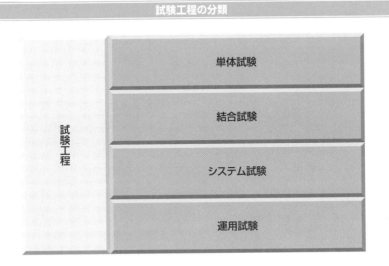

試験工程の分類

試験工程

- 単体試験
- 結合試験
- システム試験
- 運用試験

　実際の例として、プロジェクトマネージャの加藤さんと、プロジェクトリーダーの桜井さんの会話からシステム試験の様子を見ていきましょう。

加藤　「要件としては、半分ぐらいをクリアできたところかな。不具合としては、大きなものが3つぐらいだから、予想される範囲内かな」

桜井　「そうですねぇ。要件定義に示されているものは、ざっと試した感じでは、ほとんどの部分がいけそうです。新しい『アクティビティ図』を作って試しているところなんですが、動きとしては問題なさそうですね」

加藤　「そうなると、あぁ、後は性能試験になるかな」

桜井　「えぇ、この性能試験が実は問題がありまして……。最初の予想よりもデータベースの処理が遅いところがあるんですよね。それに引きずられて画面の動きが、若干ぎこちなくなりそうです」

加藤　「それは、何とかなりそう？　コードの見直しをするとか、調査するという形で」

桜井　「ソースコードのレビューをした感じでは、特に問題はなさそうですね。単純に、間に入っているミドルウェアの性能の問題かもしれません。ただ、今回の性能試験では、データを上限まで入れて確認しているので、実運用的には問題はないかな、と思っています」

加藤　「上限値はどのくらいで取ってあるの？」

桜井　「上限値は、500万件の伝票データが扱えるようになっているんですが、現在の運用ベースでは、50万件に達しない部分なので、そのあたりは大丈夫だと思います」

加藤　「将来的な懸念として、知らせておけば大丈夫なのかな？」

桜井　「懸念としては残るわけですが、実際には年次のデータの入れ替えもあるので、上限いっぱいの500万件のデータになることは、ありえないと思っています。もちろん、現在の性能状況をお客様に説明する必要ありますが」

加藤　「分かった。このあたりは、お客様に現状を説明しておきます。ほかに何か問題はありそうかな」

桜井　「平行して、運用試験を行っていますが、マニュアルの作成も含めて、あと

2週間ぐらいで終わりそうですね。不具合としては、このプロジェクトにしては比較的に少ないもので抑えられているので、導入後は十分に安定稼働が見込めると思います」

実装工程でも同じですが、試験工程でも試験の進め方にはコツがあります。

より基本的なものから複雑なものに、単純に動作するものから複数の連携が必要なものへ、正常系として動作するものから境界値や例外処理などの異常処理を行う形へ、と試験項目をこなしていくことがスムーズに試験を行うためのポイントです。

基本的なものから複雑なものへ

試験の進め方

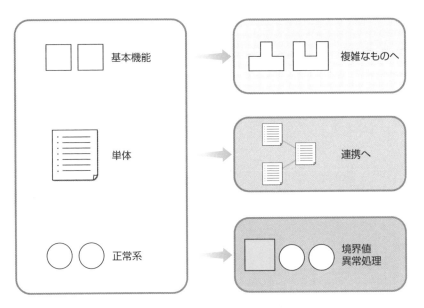

▶▶ システム試験の進め方

　システム試験では、いくつものコンポーネントやライブラリが組み合わさった形で動作していきます。単体試験、結合試験でチェックしていても、いざシステムとして実際のハードウェアと組み合わせたときには、動作の不具合が頻発することも稀ではありません。

　このような場合には、いったん、クラスを連結する**結合試験**に立ち返ることも必要です。特に性能問題やネットワークによる通信の問題に関しては、システム試験を行ったときに、はじめて発覚するものが多いものですが、これらの原因をシステム試験の中だけで解決しようとすると、難しく時間がかかることが多いものです。

　一度、関連する結合試験の項目を見直してみたり、自動回帰試験を利用して単体試験を通して再確認しておくことも必要です。

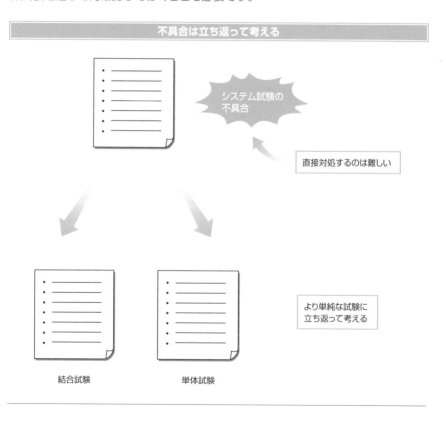

不具合は立ち返って考える

システム試験の
不具合

直接対処するのは難しい

より単純な試験に
立ち返って考える

結合試験　　　　　単体試験

障害票の活用

不具合を記録するための**障害票（バグ票）**は、アジャイル開発のように内部設計・実装・単体試験が同時に行われている場合には、**結合試験**から扱うとよいでしょう。無理に、単体試験のときに不具合分析を行おうとすると、作業の流れを阻害してしまいます。

不具合の記録は、正確に不具合が直されているか通知する、そして追跡するという役目があります。それらの情報が、特に明文化される必要がなければ、あえて記述する必要はありません。

不具合分析の例

品質管理パレート図

障害原因分類	発生数	累積比率
外部設計時の検討漏れ	31	0
内部設計時の検討漏れ	65	2
設計時のミス	19	6
タイピングミス	629	7
仕様理解不足(実装)	85	48
実装漏れ	61	53
その他	662	57
		100
総数	1552	

ただし、結合試験以降は開発者だけでなく、**試験担当者（テスター）**や顧客やほかのシステムの担当者などが介入してくるために、**不具合の情報**はきちんと記録しておくことが必要です。

これは、試験担当者が不具合と感じたとしても、外部設計や要件定義的には問題がない場合があります。これらの判断の記録を取っておくことで、外部設計へのフィードバックが可能になりますし、マニュアルの注意事項として書き付ける情報にもなります。

障害票の例

障害票

障害管理番号	UT-F-0051		
対象管理番号	不明		
概略	商品検索画面で操作不能になる		
報告日時	2023/12/2	報告者	安井
発見日時	2023/12/2	発見者	安井
対応予定日時		対応者	

概要
商品検索画面で、同じ検索を2回以上連続して行うと操作不能になる。

再現する手順
商品検索画面で、任意の商品名を入れて検索して
検索結果が帰ってくる前でも後でも、再度検索ボタンを押すと現象が再現する

本来の結果
検索結果が表示される

起こった結果
操作不能、ウィンドウを閉じることも出来ない。
強制終了は可能。

計画の実行と仕様書の役割

開発系のプロジェクトでは、最終的に動作するシステム（ソフトウェア）が成果物の中に含まれると同時に、中間生成物としてや、各工程の間に情報をスムーズに流すための成果物としての文章があります。ここでは『設計書』や『試験仕様書』を中心にして、文書を作成するときのポイントを示していきましょう。

▶▶ 分類の認識合わせ

設計工程では、おおもとのインプットとして、基本設計やシステム概要などがあります。これらに記述された設計思想を元に、外部設計➡内部設計という区切りとは別に、**システム概要➡論理設計➡物理設計**という流れで実装へと近づいていく場合もあります。

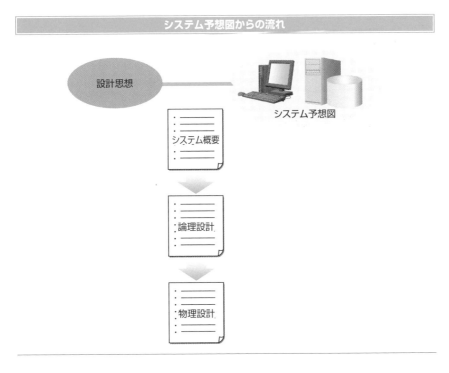

システム予想図からの流れ

設計思想

システム予想図

システム概要

論理設計

物理設計

桜井 「システム概要で分けられている機能分類は、伝票の入出力機能とデータ分析機能、保守管理用の機能、将来的に使われる経理システムとの連結機能の4つになっていますよね。外部設計では、この分類に合わせて作成していますが、内部設計を通す側から見ると、ほかにほしいところはあります？」

長島 「ユーザー機能は、伝票の部分とデータ分析が中心になるので、そのあたりの画面設計を決めてもらえば、後は平行作業で進めると思います。**保守関係**については、ほかのプロジェクトから参照できるので、システム的に大きな違いがなければ、それにしたいと思っています」

桜井 「保守関係は、今回はあまり凝らなくもいいらしいです。最終的には、すべて顧客で管理したいという要望ですが、支店の展開も目前にあるので、保守と運用に関しては、うちの会社が引き続きサポートする形で、自分たちの使える範囲に留めておけばよいらしいです。基本設計を担当した鷹山さんからは、予算的にもそのように組んであるので、機能を多く見積りすぎないように、と言われました」

長島　「そうなると、似たようなプロジェクトを見渡して同じように作っておくの
　　　　が便利ですね。スケジュール的にも見通しが立ちそうだし、ライブラリを
　　　　流用できなくても、内部設計の部分が流用できれば、実装するときの規模
　　　　が正確に分かってくるし」

桜井　「伝票入力の部分と分析の部分は、外部設計的には分かれているんですが、
　　　　内部の動作としては同じデータベースを扱うようになると思います。この
　　　　あたりのER図やシーケンス図は大丈夫そうですか？」

シーケンス図の例

長島　「それぞれの外部設計を見る限りでは、大丈夫そうですね。詳しいロジック
　　　　は、内部設計を煮詰めたところになると思いますが、基本的な流れとして
　　　　は、分析用の画面で表示するためのデータを伝票入力のほうで入れておく、
　　　　という形でいいんですよね」

第9章　工程の進め方

221

桜井　「そう、今回は分析データが主体になると思って構いません。このあたり、普通は伝票整理に集中するんですが、最初の要件定義の中にある販売促進のための分析を実現するために、今までの会計に関わる伝票データだけでは難しいかなぁ……。もう少し、広範囲でデータを入力しておかないと、望むような分析データが導き出せないから」

長島　「分析用の画面で表示される項目は、外部設計に書かれているものだとして、逆に伝票入力するときの利便性とかはどうなっています？」

桜井　「日付や伝票を入力する人などの決まり切ったデータは、確認として画面に表示することになりますが、利用者からの入力は必要ないことになっています。利用者から入力されないデータは内部的に管理することになるけど、問題となるのは、販売する文房具の写真データですね。これは初心者のためのサポート機能として入れる必要があるんですが、新しい製品が出ると切り替える必要があると思います」

長島　「そうですね。製品が切り替わる前の伝票と、その後で販売した伝票との表示で文房具の写真が変わるかどうか、というのがデータベース的には問題になりそうですね。このあたり、要件としてはどうなんでしょう？」

桜井　「サポート機能になるので、あまり重要でないと言えば、重要ではないよね。以前のものを参照したときに間違えることがなければ、新しいほうの写真で統一してしまってもいいかもしれないなあ。このあたりは、お客様に聞いてみます」

長島　「そうですね。実装的にはどちらも可能なわけですが、利用者の操作としてどんな形がいいのか尋ねてください」

　あらかじめシステム概要で作成された分類で、それぞれの機能や項目を分けておくと、後で顧客と相談をするときに、その意図が通じやすくなります。

　これは、見積りや作業量を示した開発スケジュールと見比べて、予算やマスタースケジュールと見比べるときにも重要な要素になります。

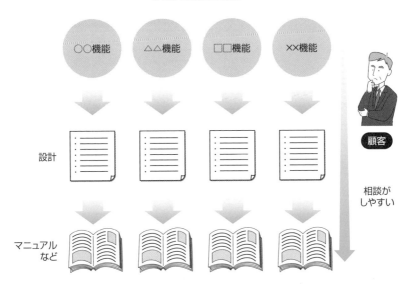

分類の認識合わせ

システム概要の分類

○○機能　△△機能　□□機能　××機能

顧客

設計

相談が
しやすい

マニュアル
など

▶▶ 分類の洗い出し

　システム概要で作成された分類で機能や項目を分けておくことは、逆に言うと、基本設計の中でシステム概要を記述するときに、予想される範囲内でこれらの分類をきちんと洗い出しておくことになります。

　これらの分類や機能一覧から漏れてしまうと、その後に続く外部設計や内部設計、そして実装となる工程の中で、どこにも入らない作業がだんだんと増えてしまい、最終的にはプロジェクトの資源（人件費やスケジュール）を圧迫します。

　特に保守機能や、運用後の継続的なメンテナンスに使う機能などは、ほかのシステムなどを参照にして、要件定義と同時に入れておくことが重要です。

　そうすると、おおまかな形であっても全体像が浮かび上がれば、最初のイメージを基準点として、基本設計➡外部設計➡内部設計➡実装、もしくはシステム概要➡論理設計➡物理設計➡実装という情報の流れの中で、どのような見通しがあり、実際はどのような形で見通しからズレているのかが見えてきます。

第9章　工程の進め方

223

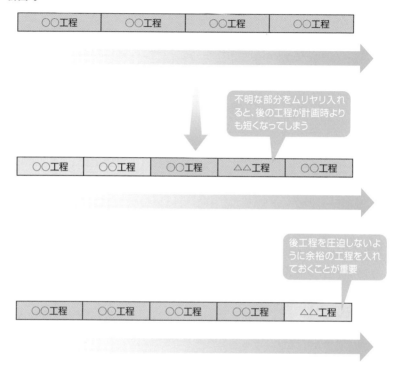

最初の時点で、見通しがないままプロジェクトを進めてしまうと、プロジェクトが迷走をし始めてしまっても、それが制御可能なズレであるのか、無計画のまま進んでしまったためのミスなのかが判断できません。設計工程でも、計画と実行という形でワンセットで考える必要があります。

画面のレイアウトは、『提案書』の作成段階により、要件定義の工程で作成する要もあれば、内部設計で行う場合もあります。これは作成するシステムの特性や規模、顧客が納得するための見積り資料としての意味もありますので、プロジェクトにより様々な形で現れてきます。

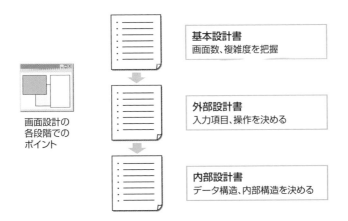

画面設計のポイント

画面設計の
各段階での
ポイント

基本設計書
画面数、複雑度を把握

外部設計書
入力項目、操作を決める

内部設計書
データ構造、内部構造を決める

　しかし、全体的なシステム開発（ソフトウェア開発）の流れから言えば、基本設計の段階では、画面数や見積りを出すための内容に留めておき、あらためて外部設計の中で主要な項目を見直していくとよいでしょう。

　当然、見積りを出した根拠と範囲に入るように**画面設計**をしていく必要があります。内部設計においては、システムの内部構造を重視して、漏れのないように入出力項目が揃っているかをチェックしていきます。

　ここでは自動で入力される項目や、確認のために出される項目、画面には表示されないが内部データとして保持しておく項目の整合性を合わせていきます。ユーザー機能の操作の面としては、外部設計で顧客を交えて確認しておくとよいでしょう。

　画面操作により複雑な動きをしたり、新しいアイデアを含める場合には、プロトタイプで提示して意見を求めることも必要です。

第9章
工程の進め方

▶▶ 試験の割り振り

今度は、**試験工程**で重要になる『試験仕様書』の具体例を見ていきましょう。

プロジェクトリーダーの桜井さんと、試験担当者の柳下さんとの会話になります。

試験仕様書の例

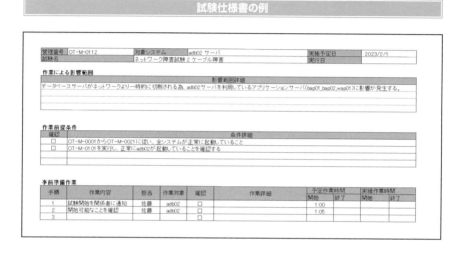

管理番号	OT-M-0112	対象システム	adb02 サーバ		実施予定日	2023/2/1
試験名		ネットワーク障害試験 2 ケーブル障害			実行日	

作業による影響範囲

影響範囲詳細
データベースサーバがネットワークより一時的に切断される為、adb02 サーバを利用しているアプリケーションサーバ(bap01,bap02,wap01)に影響が発生する。

作業前提条件

確認	条件詳細
☐	OT-M-0001 から OT-M-0021 に従い、全システムが正常に起動していること
☐	OT-M-0101 を実行し、正常に adb02 が起動していることを確認する

事前準備作業

手順	作業内容	担当	作業対象	確認	作業詳細	予定作業時間 開始	予定作業時間 終了	実績作業時間 開始	実績作業時間 終了
1	試験開始を関係者に通知	佐藤	adb02	☐		1:00			
2	開始可能なことを確認	佐藤	adb02	☐		1:05			
3				☐					

桜井　「試験工程の項目数の見積りはできました？　内部設計の段階では、あまり
システム概要を拡張する形にはなっていないと思うので、当初の項目数の
見積りと違うことはないと思うのですが」

柳下　「そうですね、外部設計のボリュームから見ると、それほど多くなっている
という感じはしませんね。ただ、伝票のデータ分析のところの種類がちょっ
と増えているので、このあたりをどう調節しようかと思って」

桜井　「データ分析のための出力の部分ですね。このあたり、最初に想定していた
パターンよりも多くなっているので、印刷関係のチェックが増えていると
思います。内部データの組み合わせは、単体試験と結合試験で網羅してい
く予定ですが、システム試験も、増えますか？」

柳下　「**システム試験**の項目としては、日単位、週単位、月単位になるので、そう
変わりませんね。結合試験の中で、データを交差させてチェックできてい
れば、システム試験では、印刷するまでのスピードや、手順の部分をチェッ

クするだけで十分だと思います。このあたり、結合試験では手作業になる
と、項目数がそのまま作業量に反映されてしまうため、スケジュール的に
問題ができると思うのですが、そのあたりはどうします？」

桜井　「実装段階の品質にもよるのですが、境界値や網羅性を合わせる組み合わ
せの試験は単体試験の段階で補っていきたいと考えています。パターン分
けをきっちりとやって、試験データを揃えておけば、試験用のデータベー
スを切り替えて自動試験が可能になるんじゃないでしょうか、ほら、あの
帳票プロジェクトでやっていたような形を実現できればいいんですけど
……」

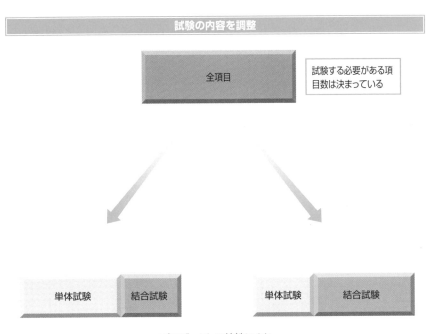

試験の内容を調整

全項目

試験する必要がある項
目数は決まっている

単体試験　結合試験　　　　単体試験　結合試験

プロジェクトの特性により
各試験でチェックするポイントを変えてもよい

柳下　「えぇ、以前の帳票プロジェクトの試験状況を調べてみます。単体試験の段
　　　　階でこれらがクリアできれば、結合試験の工程で滞るリスクも減るし」

桜井　「後は**運用試験**のための項目出しなんですが、現状の『アクティビティ図』
　　　　と『ユースケース記述』で大丈夫かな。外部設計をした段階では、若干足
　　　　りないようなんだけど……」

柳下　「『アクティビティ図』に関しては、メンテナンス系の部分が抜けていますね。
　　　　これは、当初から私たちが保守作業にあたることが分かっていたので、省
　　　　略してしまったのだと思うのですが、運用試験としては必要なので新しい
　　　　システムに合わせて書き直していきます。後はデータ分析のあたりも選択
　　　　肢が増えている分だけ、『ユースケース記述』を書き換える必要があると
　　　　思います。種類だけになるので、マニュアルは大幅に変更する必要はない
　　　　のですが、試験としては一通りチェックしていこうと思っています」

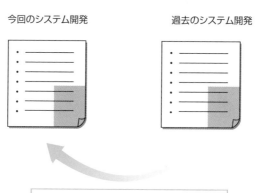

過去のプロジェクト記録の活用

今回のシステム開発　　　　　過去のシステム開発

似た部分があれば、試験状況も参考にできる
（不具合の出方や試験のポイントなど）

桜井　「初心者用の画面についてはどうでしょう？　外部設計の量としては、かな
　　　　り増えてしまった感じになりますが……」

柳下　「そうですねぇ、見た目のボリュームとしては増えているけれど、ユーザー
　　　　インターフェイスの部分なので、システム試験や運用試験にはあまり影響
　　　　がなさそうですね。別途、ユーザビリティの試験をして、性能試験と併せ
　　　　た形で実測値を見ておく必要はありますが、要件に合わせた確認のみで十
　　　　分だと思います」

　結合試験やシステム試験、運用試験の仕様書を作成する段階では、それぞれの
工程で、どのような試験を割り振っていくのかを計画していきます。
　当然、試験工程では不具合が発生し、これを修正するために時間がかかります。
このときに、試験の流れが極端に停滞させないために、それぞれの試験には基本
方針があります。

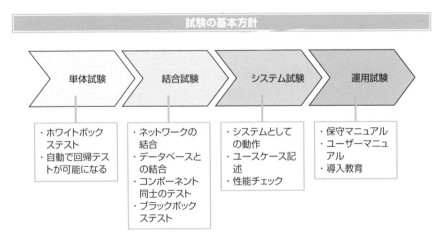

試験の基本方針

単体試験

・ホワイトボック
　ステスト
・自動で回帰テス
　トが可能になる

結合試験

・ネットワークの
　結合
・データベースと
　の結合
・コンポーネント
　同士のテスト
・ブラックボック
　ステスト

システム試験

・システムとして
　の動作
・ユースケース記
　述
・性能チェック

運用試験

・保守マニュアル
・ユーザーマニュ
　アル
・導入教育

●単体試験

　まず、単体試験では、ホワイトボックス的な条件判別形式の試験を重点的に行います。これらは、内部設計に照らし合わせて、設計された形でコーディングがなされているのか、同時に入力値に対しての出力が設計通りに行われているのかを単体で試験することに焦点が当てられます。

　自動化が可能な単体試験ツールを使う場合には、クラス単位まで範囲を拡げておくことも可能です。後の工程で不具合が発生したときに、自動的な回帰試験が行える状態にしておくと、修正箇所が既存のコードに影響があるかどうかのチェックが簡単にできます。これは、システム試験を行った後のコードのチューニング、後の試験工程で不可解な不具合が出たときに再調査をするときの道具として使うことにもなります。

●結合試験

　結合試験では、クラスをまたがる結合のほかに、ネットワークの結合、データベースとの結合、画面と内部ロジックの結合、コンポーネント同士の組み合わせなどを、ブラックボックス的にチェックしていきます。

　単体試験で十分品質を確保しておくと、結合試験では、内部動作を気にすることなく、各種のインターフェイスを接続させたときにうまく連携できているかどうかのチェックに集中できます。

　たとえば、画面と内部ロジックを組み合わせた試験では、画面からの入力を行って内部データがどのように保持されるのか、あるいは確認データとしてどこに表示されるのか、データベースのどのテーブルに保存されるのか、をチェックしていきます。このような、1つの操作に対して、複数のクラスやコンポーネントが連携する形で動作を行い、出力が確認できる状況で確認していきます。

　内部データの保持に関する試験では、ログ出力を利用することもできますが、自動化が行えるツールを利用して、別途コンポーネントを試験するためのモックアップを利用してもよいでしょう。

●システム試験

次の段階のシステム試験では、システム全体としての動きをチェックしていきます。運用試験との違いは、実装側である開発者の視点からシステムを見るか、システムを使う利用者側としての視点であるか、の違いになります。

システム試験では、『試験手順書』を作り、一連の流れを行ったときのシステム全体の動作を確認していきます。これらには、『ユースケース記述』に書かれている例外操作や代替手段を含めます。

運用試験では、利用者の立場からマニュアルベースで行うために、ごく稀な異常系の操作に関してはシステム試験で網羅しておくとよいでしょう。

●運用試験

運用試験では、**保守マニュアルやユーザーマニュアル**を中心に試験を行っていきます。実運用を想定して、『要件定義書』に書かれている内容をチェックしていきます。

実際に顧客が立ち会いながらシステムが安定稼働していることを確認したり、各種のマニュアルの操作を確認する初期の導入教育の役割も果たします。このときに、顧客の操作に戸惑いがあったり、異常操作について不安があった場合には、適宜マニュアルを改正していくとよいでしょう。

ただし、最初のステップとしては、『ユースケース記述』などから作成したマニュアル通りにシステムが運用できることを確認するとが大切な作業になります。

また、日常的にありそうな異常系のテストの網羅も運用試験では重要です。

実装工程で作成する仕様書

　実装工程では、コーディングが主な作業になります。設計工程で作成した設計書を元にコーディングを行います。

　最近では、テスト駆動のように自動化された単体試験（xUnit）を使う場合が多いと思います。この場合には、実装工程の中に単体試験の作業も含めて、単体試験の結果一覧で実装工程の進捗状態を管理します。

単体試験と試験項目一覧の例

フレームワークを更新して機能アップ

パッケージアプリ開発の場合は、経営的にリリース日がすでに決まっていることが多いので、作業量をスケジュールに合わせます。リリース日がズレてしまうことによる機会損失やパッケージ販売計画の変更を避けることが優先になります。

そのため、開発自体に遅れが発生すると、休日出勤の仕事や徹夜での作業が多くなりがちです。不測の事態に対しての影響は仕方がないのですが、予想しうる事態に対応できるために作業量の見積りとスケジュールは余裕を持っておきたいものです。

リリース日が決まっている場合には、リリース日から逆順に線表（スケジュール）を引いていきます。受託開発のように開発とシステムテストの終了すなわちリリース日となることは少なく、パッケージの準備やサーバーの準備、ダウンロードファイルの配置などの作業量が決まっているものがあります。それらのマイルストーンに合わせて開発が終了するようにスケジューリングします。

また、受託開発とは違い、リリース日が変更できない場合が多いので、開発期間後半に発生する不具合には特に注意を払います。リリース後の影響を考えたときに問題が多く発生する場合は、リリース日を変更するという「経営的な判断」が必要になります。

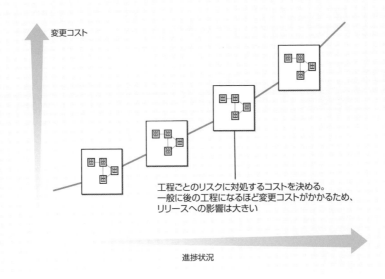

変更コスト

工程ごとのリスクに対処するコストを決める。
一般に後の工程になるほど変更コストがかかるため、
リリースへの影響は大きい

進捗状況

　この経営的な判断の場合には、プロジェクトマネージャレベルでの判断ではできないので、利害関係者（ステークホルダー）の数が多くなってしまいます（不具合数の管理や、修正可能な不具合あるいはプロジェクト後半での仕様変更は別途、第10章で説明します）。

　受託開発の場合は、契約の関係上、ウォーターフォール開発手法（計画駆動）で工程を進めることが多いのですが、パッケージアプリ開発ではリリース日が複数あるためにイテレーティブな開発（反復手法やアジャイル開発手法）が使われることが多くなりました。また、短期リリースを繰り返すWebアプリ開発においては、アジャイル的な開発手法（タスクシートによる抽出）や特に開発手法を決めない開発がなされています。

　特にどの開発手法に沿わないといけないという決まりはありません。ある程度のスピードを確保し、プロジェクト内の混乱を招かなければ、自己組織的な開発スタイル（スクラム開発の前身であるスタイル）をとってもうまくプロジェクトが進みます。一般的な製造業の場合は繰り返し行われる作業を効率化するために手順や品質基準などを設定したり、建築業界では建築手順に従わないと建物が建たないために極めて細かく作業手順が作られていますが、一過性の強いIT業界ではどのような手順をとっても結果的にはあまり変わらないことが多いのです。

　ですが、各工程による手順や工程の見積りをあらかじめ立てておくことは「スケジュール破たんのリスクを下げる」ことができます。プロジェクト自体は一過性かもしれませんが、同じプロジェクトマネージャ、プロジェクトメンバーによって幾度もプロジェクトが繰り返されるのが普通です。社員としてプロジェクトに参加しているのであれば、各自少しずつ成長してプロジェクトの成功確率を上げることが可能です。

仕様変更に対応する
──要求管理

　実際の開発プロジェクトでは、最初の計画通りに進むことは
決してありません。必ず様々な要因があり、現実に対処してい
かなければならない未知の状態があります。顧客からの仕様
変更を例にとって、各工程への影響やそのときの調節方法を
説明していきます。

10-1

顧客から要求される仕様変更

プロジェクトが開始されてから出てくる顧客からの要求ですが、それを無視してしまっては、プロジェクトが成功した基準を満たせません。最終的に利用価値のあるシステムを開発するために、一つひとつ顧客の要望を検討していくことが必要です。

▶▶ 顧客の要望の取り込み

システムを新規に開発する場合、最初の要件定義から、システムを実際に運用できるようになる**運用試験**に至るための空白の期間が長くなりがちです。

これを回避するために、XP[*]のオンサイト顧客[*]のように、逐一、顧客の要望を尋ね、短周期でのリリースを繰り返すことにより、顧客からの要望を取り入れて開発する方法があります。

また、イテレーション[*]で、中間成果物を示しながら、顧客に試験運用を行っていただく方法もあります。ただし、プロジェクトの規模やリリース状況により、顧客と頻繁に関わりを持つことが難しい場合もあります。

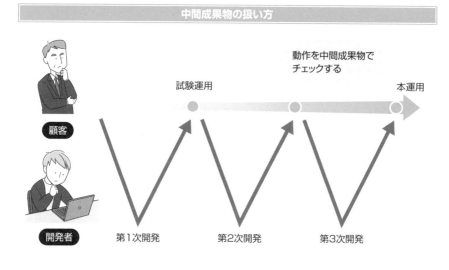

中間成果物の扱い方

動作を中間成果物でチェックする

顧客　　開発者

試験運用　　本運用

第1次開発　　第2次開発　　第3次開発

---

[*] **XP**……本文134ページを参照。

[*] **オンサイト顧客**……本文135ページを参照。

[*] **イテレーション**……それぞれのマイルストーンを達成するために必要な開発期間のこと。XPでは、約2週間程度となっている。このイテレーションを数回繰り返して、システムを完成させる。

　顧客に専門のシステム開発部門がなかったり、周期的なリリースを確認したくても短期間の開発スケジュールである場合、システムを開発する上で、手戻り[*]と言われる開発ロスを少なくするためのポイントを抑える必要があります。

　プロジェクトリーダーの桜井さんが、開発中のシステムによって改善される業務の流れの説明と確認のため、顧客である阿部さんの会社を訪問しました。

桜井　「今日は、新しい業務の流れを実現する形で、おおまかな画面のサンプルと具体的な流れを説明したいと思います。最初に新しい業務の流れなのですが、『提案書』の中で示させていただいたものに、画面操作を加えています。詳しいところは、先の『ユースケース記述』になるのですが、このあたりで、何か質問はございますでしょうか？」

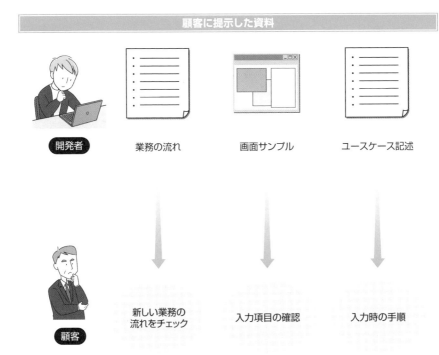

顧客に提示した資料

開発者		
業務の流れ	画面サンプル	ユースケース記述
新しい業務の流れをチェック	入力項目の確認	入力時の手順

顧客

※**手戻り**……本文11ページを参照。

第10章　仕様変更に対応する―要求管理

阿部　「ここでは、具体的な画面のレイアウトには踏み込んでいないようですが、具体的なものは、いつぐらいに作る予定なんでしょうか？」

桜井　「厳密な意味での画面の詳細な項目に関しては、こちらの開発スケジュールにある内部設計の段階で決まっていくことになりますが、その前段階として主要的な項目や操作性に関しては、ここの外部設計の段階で決めていくことになります」

阿部　「なるほど。たとえば、伝票入力の部分に関しては、その外部設計の段階でどこまで決まることになるのでしょうか？」

桜井　「細かいレイアウトは問題ではないので、利用する視点から考えて、どのような入力項目が必要なのか、操作するときはどういう手順が楽になるのか、あるいは間違いが少なくなるのか、さらには修正する場合の手順や、例外的にシステム側で修正しなければいけない項目などを、ご意見を聞きながら検討していくことになります」

阿部　「具体的にはどのようになりますか？」

桜井　「たとえば、伝票入力であれば品目や金額が必須項目として挙がってくるわけですが、その項目自体や、項目を選択するときにはどうすると便利なのか、ということですね」

阿部　「品目は、選択式がいいですね。入力してしまうと、人それぞれになってしまうので、後から品目別に分析ができないような気がします」

桜井　「選択式がいい場合もあるのですが、品目の量によりますよね。文房具を扱っている場合には、かなり多種多様になると思うのですが、そのあたりはどうでしょう？」

阿部　「あぁ、そうですね。全体を合わせてしまえば数百種類になってしまうので、選択式だと無理かな。なんらかの分類があればいいのだけど」

桜井　「多分、いくつかの分類で分けることになると思います。このあたりは、今までの伝票ではどうなさっているのですか？」

阿部　「今は、それぞれの人が伝票に品目を書いておいて、帳簿に集計するときに分類を合わせていますね」

桜井　「分類をされているのは、阿部さん1人ということになりますか？」

阿部　「必ずしも私1人、というわけではないのですが、できるだけ統一するように　　　　しています。分類別に分析をするときに、あらぬ項目が入ってしまうと集計がズレてしまって資料としての価値がなくなってしまうので、そこのあたりは注意しながらやっています。この部分は、非常に神経を使うところですね」

利用者（アクター）の分析

伝票

分類の入力
・品目は数百種類ある
・分類の仕方は、その都度決めている

阿部

利用者（経理課）

桜井　「分かりました。そうなると、伝票の入力時に品目や分類を合わせるというよりも、分析の段階で正式に入れるということも考えられますね」

阿部　「えぇ。けれども、すべてを後から分類するとなると、今までと同じような手間がかかってしまうので、そのあたりは作業が軽減できるように考えてほしいです」

桜井　「そうですね。ここの部分は、検討課題として取り置いて、外部設計の段階で煮詰め直してみます。ほかの画面との絡みもあるので、システム的に難しい面が出てくるかもしれませんが、現時点であれば整合性を合わせることが可能だと思います」

検討課題をメモ（検討課題管理表の例）

No	分類	質問日	質問者	回答希望日	回答日	回答者	状態	質問
1	その他	2024/4/2	増田	2024/4/10	2024/4/11	関本	終了	シートを作成しました。
2	その他	2024/4/6	関本	2024/4/10	2024/4/12	増田	終了	回答希望日の項目を追加してください。
3	要件定義	2024/4/11	吉田	2024/4/18	2024/4/12	関本	確認待ち	要求定義書について質問1 詳細はメールに添付して資料を確認してください。
4	要件定義	2024/4/11	吉田	2024/4/18		関本	回答待ち	要求定義書について質問2 詳細はメールに添付して資料を確認してください。
5	要件定義	2024/4/11	吉田	2024/4/10		関本	回答待ち	要求定義書について質問3 詳細はメールに添付して資料を確認してください。
6	見積もり	2024/4/17	関本	2024/4/25	2024/4/19	吉田	確認待ち	ざっくりで良いので現時点での見積もりをください。

　利用者（アクター）側の視点からシステムを決定していけば、外部設計の段階で顧客の要望が取り込めます。

　画面に表示される機能だけでなく、帳票として印刷される項目や将来的にデータベースに残しておきたい項目、要件の範囲内で操作方法を変えておきたいことなどを、**ユーザー機能**として設計しておくことにより、操作面であればプロトタイプや説明用の画面などを使いながら、顧客が思っていることをきちんと取り入れることが可能になります。

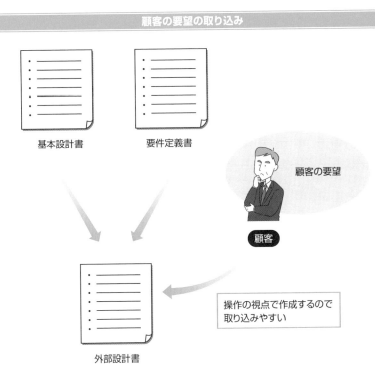

顧客の要望の取り込み

基本設計書　　　　　要件定義書

顧客の要望

顧客

操作の視点で作成するので
取り込みやすい

外部設計書

▶▶ バッファを用意する

　新しい『アクティビティ図』や『ユースケース記述』を検討し直す段階で、『提案書』以前のものでは不足分や検討ミスが出てくる場合があります。また、顧客からの詳しい情報により、その『ユースケース記述』では、うまく業務を実現できないことが判明することがあります。

　顧客との契約で、それらすべてを仕様変更として手順化することも可能ではありますが、現実問題として、『提案書』の段階で提出した開発スケジュールと予算枠とを動かせない場合があります。

　このようなことが想定される場合には、あらかじめ開発スケジュールに変更を吸収するための**バッファ**を用意しておきます。当然、マスタースケジュールを満たすための開発スケジュールになるために、極端に大きな変更枠を取ることはできません。しかし、ぎりぎりの開発スケジュールを引き、まったく変更を吸収できない

ようでは、プロジェクトの成功は望めません。

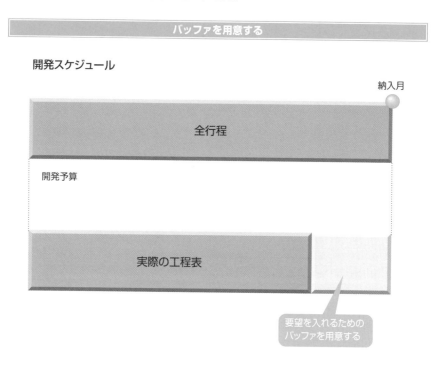

バッファを用意する

開発スケジュール

納入月

全行程

開発予算

実際の工程表

要望を入れるための
バッファを用意する

▶▶ 変更要件を記録する

　予想される変更に関しては、基本設計を行うときの不明点とシステム概要や一覧を作成したときの概要が重要になります。

　顧客から要求される**変更要件**は、追加費用に加算するかしないかに関わらず、一つひとつ記録しておくことが大切です。

　これは、要求された変更が確実にシステムに反映されたことを確認するための記録であると同時に、プロジェクトの開発状況が逼迫してしまったときに、どの原因により混乱が生じはじめてしまったのかを調査するためです。

　混乱のもとが判明できれば、最初の問題に立ち返って顧客との交渉を行うことも可能になります。あるいは、代替案を示すことにより別な実現の方法を提案することもできます。

変更要件の記録の例

	A	B	C	D
1				
2		**仕様変更依頼票**		
3				
4		管理番号	SP-C-0002	依頼分類
5		発行元	安田様	発行先
6		承認希望日	2023/5/31	対応希望日
7		承認者		承認日
8		重要度	高	工数変更の有/無
9		影響範囲	不明。調査をお願いします	
10		関連資料	2023/5/31 仕様検討ミーティング議事録	
11		変更理由		
12		業務分析の漏れの発覚により、伝票入力画面の追加、及び画面遷移の変更が必要になった。		
13				
14				
15		詳細		
16		1. 業務分析資料 SK-F-0021 の更新		
17		2. 画面遷移図の更新。(4と被るが更新対象の調査もお願いします)		
18		3. その他関連資料の更新		
19		4. 影響範囲の調査		
20				
21				
22				
23				

仕様変更依頼票

第10章　仕様変更に対応する―要求管理

10-2

仕様書の量と仕様変更

　仕様書の量は、実装しなければいけないコード量に単純に比例するわけではありませんが、1つの目安になります。プロジェクト中途の仕様変更ではあっても、追加される仕様書の量や変更箇所を考えていくことで、後に続く実装工程や試験工程への影響（かかる時間や複雑度など）が予測しやすくなります。

▶▶ 仕様書の量と実装の量

　基本設計はいくつかの機能がまとめられて記述されていたり、開発規模により詳細は概要のみが示されている場合もあるので、仕様書の量が実装の量に比例することはありません。

　しかし、設計工程になり、利用者による操作を中心とした外部設計や、実装に即した内部設計を行っていくと、実装自体のボリュームに仕様書の量が比例するところがあります。

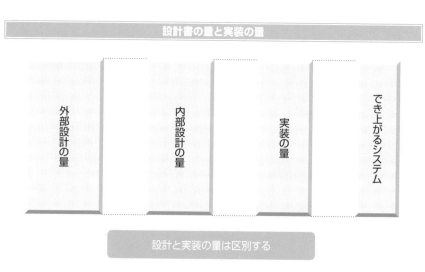

設計書の量と実装の量

外部設計の量　　内部設計の量　　実装の量　　でき上がるシステム

設計と実装の量は区別する

●外部設計のボリューム

　単純な比例ではありませんが、予測として外部設計のボリュームが多ければ、その分、システム試験の項目が増えることになります。これは、外部設計で行った操作や動作を、それに対応するシステム試験で検証することになるためです。

　逆に言えば、外部設計の量が予想よりも増えてしまったときに、システム試験の工数を当初の予定のままにしておくことは、試験工程で工数が足りなくなる可能性があると予測できます。

　このような場合には、開発スケジュールやマスタースケジュールに合わせて外部設計の見直しをかけていくか、増加してしまった分を検討し直して、当初の見積り以上の機能を盛り込みすぎていないかをチェックします。その上で、追加する人員を考えたり、機能削減を考えていくとよいでしょう。

●内部設計のボリューム

　同じように、内部設計のボリュームは、実装のボリュームと比例します。ある程度の量になってしまった内部設計（クラス図やシーケンス図など）を抱えた場合には、実装工程自体の工数や、それに伴う単体試験や結合試験の工数が増えることを予期しなければいけません。

　この場合には、外部設計や基本設計などと見比べながら、作り込みすぎていないか、複雑化しすぎていないかをチェックしていきます。

　もちろん、基本設計を行ったときの見積りミスや見落としの可能性もあるので、開発スケジュールや予算自体を見直すことも必要ですが、まずは当初の計画に合わせて検討してみましょう。往々にして、設計者の思惑と実装者の思惑の乖離のために、ボリュームが大きくなっている場合があります。

　以下は、プロジェクトリーダーの桜井さんと、内部設計を担当した長島さんの会話です。

桜井　「内部設計で予想されるボリュームですけど、外部設計から考えると、同じ
　　　　ぐらいの期間を取るという方法で大丈夫でしょうか？」

長島　「今回、内部的に複雑な部分は、経理システムとの連携になるので、だいた

　　　　い同じ比率になりそうですね。伝票の入力関係とデータ分析関係は、内部
　　　　設計段階では同じデータベースを使うことになるので、ここは相互チェッ
　　　　クをしていけば十分だと思います」

桜井　「外部設計を作成したペースを考えると、当初のスケジュールとあまり変わり
　　　　はないみたいですね。これは基本設計の見通しに合わせた結果ではあるけ
　　　　れど、むしろ経理システムの連携関係では、少ない感じになっています。後
　　　　は、保守運用関係のボリュームなんですが、既存のプロジェクトから考える
　　　　と、どうでしょう？　このあたりはER図の複雑度にもよるんですけど……」

長島　「データベースの概要から考えたときの予測としてはどんな感じですか？」

桜井　「今回の主要なテーブル数としては、十数テーブルという具合ですね。今回
　　　　のシステム化に関しては、伝票入力の効率化に限っている部分があるので、
　　　　ほかのデータ処理関係のプロジェクトよりも少ない数で済んでいるような
　　　　気もしますが、経理システムの連携を考えてマスターテーブル関係は作っ
　　　　ていかなければいけないので、このあたりの作成コストと保守や変更コス
　　　　トをどういうふうに捉えるか、という問題だと思います」

長島　「最初のメンテナンスは、お客さんが行わないから、結構、簡便な画面か、
　　　　あるいはrubyとかのスクリプトを駆使ししても十分なんですよね？」

桜井　「そうですね。言語の指定もないから、スクリプトで十分だと思います。予算
　　　　的にもそれを想定しているし、外部設計をしたときも利用者が使うことは考
　　　　えていません。保守のところでサポートしていこうという考えみたいですね」

長島　「となると、内部設計も簡略化して、ほぼ実装依存でいいかもしれませんね」

ボリュームを超えない方法をとる

便利な機能　機能が豊富　人手がいらない　　ボリュームを考慮する　　簡素化　必要な機能のみ　人手で逃れる

桜井　「そうかもしれません。でも、メンテナンス用のマニュアルを作らないといけないので、その分は残しておいてくれますか。完全に実装依存になってしまうと、誰が使っても同じ、ということにはならないでしょうし……」

長島　「えぇ、了解です。ええと、となると、経理システムとの連携がもう少し明確になれば、実装のボリュームが分かりそうですね」

▶▶ 仕様書の情報量と工数の見積り

　仕様書に含まれる情報量と、仕様書間で流れる情報のつながりに注目していくと、先にある工程の実績値が、次につながる工程の実績をある程度予測できることが分かります。

　ただし、設計工程などで極端な省力化を行い、ほとんど文書を作らないで終わってしまうと、どのくらいの情報が集まってきたのか、どのくらいの情報を次で処理しなければいけないのか、という流れが分かりづらくなります。

　そのために、作業量が少ないままの見積りを行い、実際の工数を見誤ったままプロジェクト·を進行させることになりかねません。

　適切な情報を、適切な文書の量で表していくと、ソースコードの量をチェックするように、文書の量から次工程でかかる工数が予測できます。

　もちろん、設計書やコードの書き方や個人差により、量と質のバランスは違うものですが、ある程度の規模になると、この個人差の部分は丸めることができます。正確な予測は不可能ですが、ある程度の範囲を持って、プロジェクトバッファなどを利用しながら考えていくと、一定の設計量から一定の実装量、そして、試験しなければいけない項目を見積りことが可能になります。

　機能の絞り込みや、当初の見積り通りに設計や実装を行う関所として、外部設計があります。外部設計では、システム概要で示された機能をブレークダウンすることになりますが、ある程度、この段階で不足分を補う必要も出てきます。

　これは、基本設計では不明点として明記されるものであったり、外部設計を行う中で仕様変更として顧客から要求される事項であったりします。また、システムを構築する上での重要事項の場合もあります。

　これらを含めた上で、当初の開発スケジュールや予算に収まるかどうかをチェッ

クする必要あります。

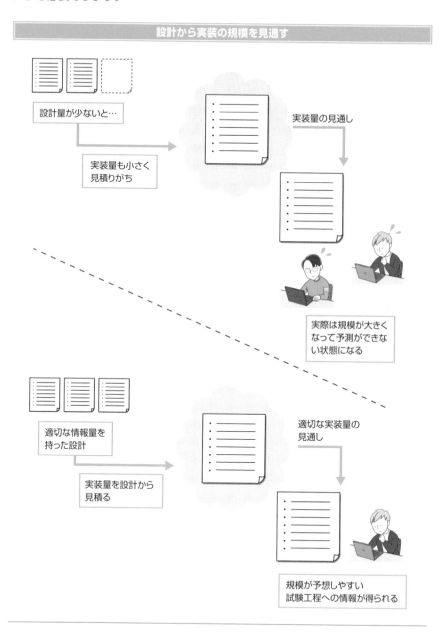

設計から実装の規模を見通す

設計量が少ないと…

実装量も小さく
見積りがち

実装量の見通し

実際は規模が大きく
なって予測ができな
い状態になる

適切な情報量を
持った設計

実装量を設計から
見積る

適切な実装量の
見通し

規模が予想しやすい
試験工程への情報が得られる

　予算に収める方法としては、単純に機能を削減する方法だけでなく、システム構築をよりシンプルに直して実装工程でのミスを少なくして、試験工程での手戻りを少なくする手段もあります。

　また、ソフトウェア開発者特有のシステムの作り込み過ぎを避けて、より簡素に構築を行い、それに伴い試験項目数を減らす方法で、開発スケジュールを守る方法もあります。

　このような試行錯誤を行いながら、設計作業を進めることにより、概算的ではありますが、設計→実装→試験で流れる情報の量を予測して、プロジェクトを進行している間に、それらを制御する手段を用意できます。

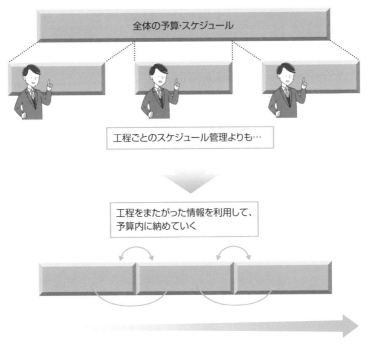

全体の工数が予算にかかってくる

全体の予算・スケジュール

工程ごとのスケジュール管理よりも…

工程をまたがった情報を利用して、
予算内に納めていく

プロジェクト全体の流れ

第10章　仕様変更に対応する―要求管理

突発的な問題による仕様変更

　綿密に作成された設計ではあっても、実際に実装を行ったり試験を行ったりしている段階で、問題が顕在化することがあります。このような突発的な問題に対しては、的確な妥協点の判断や対処する時間の再計画、あるいは顧客への説明が求められてきます。

▶▶ 妥協点を見つける

　プロジェクトが計画通りに進行していれば、特に現実を意識していなくてもプロジェクトが成功裏に終わるのですが、現実のプロジェクトではそうはいきません。すべてのプロジェクトが、進行中になんらかの問題を抱えることになります。

　これらを、事前に予測したり、リスク管理の項目として常にチェックしていて解決できればよいのですが、どうしてもうまくいかない突発的な問題が出ることがあります。

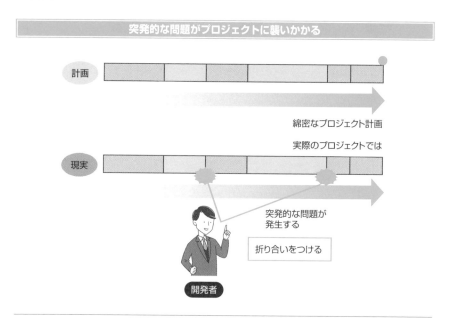

突発的な問題がプロジェクトに襲いかかる

計画

綿密なプロジェクト計画

実際のプロジェクトでは

現実

突発的な問題が
発生する

折り合いをつける

開発者

　これらに関する折り合いを考えてみましょう。以下の会話は、プロジェクトリーダーの桜井さんとシステム担当の真島さんが、後で判明したシステム上の問題点について対応策を検討しているところです。

桜井　「分析用データに関してなんですけど、どうでしょう？　結合試験の段階で、性能がうまく出ないという話を聞きましたが、調査した感じではどうです？」

真島　「えぇ、データベース自体の性能も問題なのですが、どうやら、それだけではないみたいですね」

桜井　「と、いうと？」

真島　「データベース単体で調べてみたんですが、ここのテーブルの連結が非常にまずい状態になっていて、検索性能がうまく引き出せていないみたいなんです」

桜井　「あぁ、ここは、妙に複雑になってしまって、まずいなぁ、と思っていたところですね。テーブル設計をやり直したほうがいいかな……」

真島　「いや、ER図としては、まぁ、しょうがないかなぁ、という感じなので、ここの部分を変更する必要はないんじゃないでしょうか。下手に修正してしまうと、別の部分に影響が出そうだし、次善ではありますが、ここのテーブル構造はこのままで使っていくほうがいいでしょうね」

桜井　「じゃあ、ここの部分は懸念点としてあげておいてください。対策としてはどういうようにしたらいいでしょうか？」

真島　「クラスとのO/Rマッピング*の状態を調べてみたんですが、ここの部分、このテーブルの構成を無視した実装がされているみたいなんですね。これだと、非常に回りくどい検索をするものだから、スピードが極端に遅くなっても不思議ではありません。テーブル構造よりも、このクラスの設計の見直しと、実装の直しのほうが解決策としてはいいかもしれませんね」

桜井　「あぁ、なるほど。この部分は、テーブル設計に先立って作ってしまった部分もあって、ちょっと失敗した作りになってるみたいですね。このクラス設計と単体試験を合わせると、どのくらいの工数になりそうですか？」

＊O/Rマッピング……データベース上にあるオブジェクト（O）と、リレーショナルデータベース（R）をマッピングすることで、柔軟なアプリの構築を可能する技術のこと。

真島 「ええと、実績から見れば、4日ぐらいというところですね。手戻りの幅と
　　　しては、ちょっと厳しい感じもしますが、性能試験や運用での問題を考え
　　　ると、ここは直しておかないと後がまずいような気がします」

桜井 「じゃあ、ここの部分の結合試験はいったん中止して、修正することに集中
　　　しよう。ほかにできる試験があれば代わりにそれを進めて、調節していき
　　　ましょう」

　システムを構築する上で、すべてを最高の条件で仕上げることはできません。
同時にシステムを完璧に仕上げることも不可能に近いものがあります。それらに関
して、妥協点を見つけていくのが、現実との折り合いになります。

運用試験での視点

運用試験

・導入後の運用の視点で問題が出な
　いことをチェック
・運用マニュアル、保守マニュアルの
　確認
・顧客の導入教育の視点

妥協点の基準を決める

　もちろん、計画もなしにプロジェクトを進めてしまい、実装を開始した後で、妥
協点を見つけてばかりいては運用に耐えるシステムは出来上がりません。
　しかし、運用されて使われるシステムの価値に視点を置いたときには、いくつか
の基準が出てきます。
　運用試験で見つかった不具合については、運用者の手順によって避けるという

方法もあります。契約上、要件定義に合致することを求められる場合もありますが、納入時期やマスタースケジュールを考えた場合には、運用開始を基準として考えることが求められます。

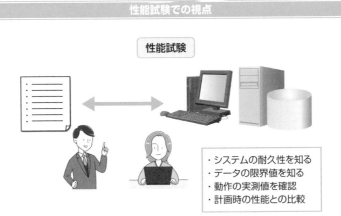

性能試験での視点

性能試験

・システムの耐久性を知る
・データの限界値を知る
・動作の実測値を確認
・計画時の性能との比較

　また、**性能試験**では、データの上限値を求めるよりも、実運用での性能が重視されます。当然、システムの耐久性としては、ピーク時でのトラフィックや、数年間の運用をしたときの最大データ数のときの性能を問われることも多いのですが、通常の運用時にどの程度の性能が出るのかという実測値を計測し、その実測値を以ってシステムの最終的な導入の判断材料にすることになります。

妥協点の基準を決める

要求定義書
基本設計書

提案書

契約事項を重視する
あまり「かけひき」
に陥りやすい

顧客　　　　開発者

判断基準

システムの
導入目的

提案書

要求定義書

顧客　　　　開発者

本来の目的を見
失わずに、妥協
点を見つける

現実のシステム

　このような機能外要件は、システム試験や運用試験の段階にならなければ、発覚しない問題でもあります。

　できることならば、設計段階で懸念点を割り出し、実装段階の前に性能チェックをするためのプロトタイプを作成して、実運用に耐えられることを検証していきたいものですが、限られた予算であったり、限られた開発スケジュールの中では、それらの検証がまとまらないことがあります。

　このような場合は、現実の折り合いとして、適切な対処を顧客と相談していくことになります。これらの交渉や相談を避けてしまうとかえって、当初の契約や要件定義の項目に縛られてしまいがちになります。

　いざというときの**妥協点**を見つけるためにも、問題を対処するときの基準を忘れないようにしてください。

納入時に注意すべき事柄

　納入時に注意すべき事柄として、開発されたシステムを配置するための計画や利用者への教育、システム導入時の利用者へのサポートなどがあります。

　導入時に障害が発生した場合は、顧客に対して素早く対応できる体制を組み、障害として起こったことを記録しておきます。

　また、実運用環境で動作させるためには、システムの物理的な配置や配線の仕事が必須になります。これらを計画することが納入前に必要です。

　なお、顧客側に情報システム部があれば共同作業が必要になるので、その計画も入れておきます。

10-4

試験工程での仕様変更

試験工程は、プロジェクトの後半に位置するために時間的にシビアになりがちです。発見される不具合や欠陥、それに対処するための時間も考慮する必要があります。試験工程の安定化を目指した設計や実装方法をとることで、仕様変更に影響されにくくできます。

▶▶ 試験工程への下準備

試験工程は、プロジェクトの流れの最後の工程となるために、前工程としての設計工程や実装工程が遅れてしまったときに、影響を受けやすい工程になります。

実際問題として、マスタースケジュールで納入時期が決まっている場合には、設計や実装が遅れてしまったツケの部分が、試験工程にしわ寄せされることになります。試験工程では、納入時期を厳守するためのプレッシャーと同時に、遅れを取り戻すための効率化の責務を果たさなければいけないという**二重の苦しみ**に晒されてしまいます。

後工程の試験

設計や実装工程の
遅れを吸収

納入時期の
厳守

試験工程

試験担当者

常に効率化を求められてしまう…

　プロジェクトマネージャやプロジェクトリーダーが、プロジェクトを成功に導くためには、このような試験工程特有の問題にも取り組む必要があります。特に、試験工程では、設計や実装とは異なり、未知数の要素である不具合に対処する必要があります。不具合を検出すると同時に、実装側で修正されたモジュールを組み込み、再試験を行わねばなりません。

　品質計画の視点で不具合の検出率が高い場合には、前工程に差し戻して、再検証を行うことも必要です。このような不確定要素が多い中では、試験工程への下準備が成功への要素になってきます。

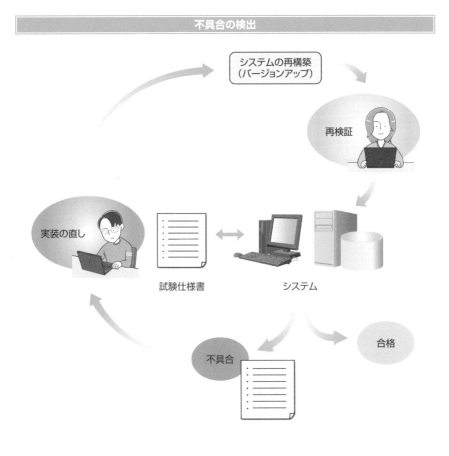

不具合の検出

システムの再構築
（バージョンアップ）

再検証

実装の直し

試験仕様書　　　　システム

不具合　　　　合格

　以下の会話は、内部設計を担当した長島さんと、システム担当の真島さんが試験工程について打ち合わせをしている様子です。

長島　「単体試験も大方終わったので、部分的にでも結合試験に入りたいと思うのですが、どうでしょうか。不具合の状況としては次のステップに進めるように見えます？」

真島　「極端に不具合が多いところはなさそうですね。単体試験のボリュームも計画段階と同じようにこなしているようなので、そのまま結合試験に入っても大丈夫だと思います」

長島　「ありがとうございます。スケジュール的には、若干、押しているんですが、そのあたりは大丈夫でしょうか？」

真島　「品質的に問題がなければ、スムーズにいくと思います。どこか不安な点がありますか？」

長島　「内部設計をしている段階で、少しシーケンスがややこしい部分になりそうな部分があったので、実行ログを大目に入れているモジュールがあります。ただ、結合試験では、そのログを参考にしてテストしてほしいんですが、実運用になるとデバッグログによる性能の劣化が懸念されるような部分でもあり、そこの部分をどうしようかな、と迷っているところです」

真島　「そうですね、そのシーケンスって、どのあたりになりますか？」

長島　「この辺ですね。画面の操作とデータベースの兼ね合いもあって、5本ぐらいのシーケンスがややこしくなってしまったんです。内部的な動作としては単体試験としてクリアできているんで、後は結合したときのインターフェイス通りに動作するかどうかのチェックなんですけど。それに、シーケンスを流したときの異常処理をチェックする必要があるわけですが、出るとすれば、このあたりでバグが出そうですね」

真島　「なるほど。では、先行き、デバッグログによる性能の問題もあるので、ここの部分は、先に結合試験を行ってしまって、その上で、モックアップ※を作っていきましょう。あまりログの出力されないとデバッグ時に困ることがあるので、結合試験までは残すようにしておいて、システム試験以降

※モックアップ……外見を実物そっくりに似せた模型のこと。試作モデル。

ではデバッグスイッチを切り替えて、劣化にならないように考えていきましょう」

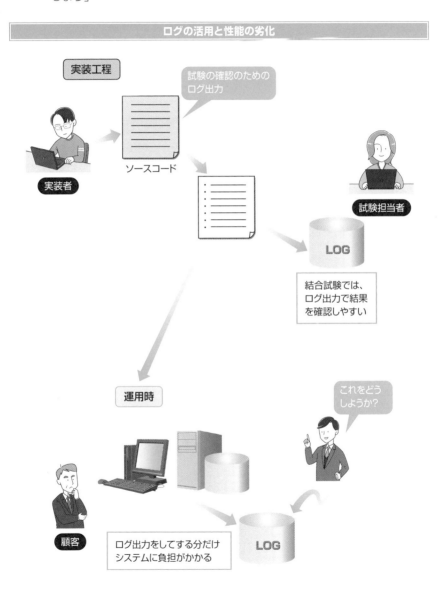

ログの活用と性能の劣化

実装工程

試験の確認のための
ログ出力

ソースコード

実装者

試験担当者

LOG

結合試験では、
ログ出力で結果
を確認しやすい

運用時

これをどう
しようか？

顧客

ログ出力をしてする分だけ
システムに負担がかかる

LOG

長島　「内部動作としては、試験ツールによるホワイトボックス試験をしているの
　　　で、自動的な回帰試験はすぐにできると思います。この部分は、コンポー
　　　ネント単位で試験ができるような作りになっているので、結合試験でバグ
　　　が発覚したとしても、単体試験で使っていた試験ツールのスクリプトでも
　　　う一度流すことが可能なようにできています。結合試験で作成するモック
　　　アップはどのようになるのですか？」

真島　「普通は、クラスの組み合わせとして作るわけですが、ここのクラス群だけ
　　　は特別に作っておくことにしましょう。性能問題が懸念されるのであれば、
　　　システム試験段階で実装のチューニングを行う場合も考えられるし、そう
　　　なるとクラス内の動作や、結合の仕方を見直す場合も考えられるので、そ
　　　れをフォローできるようにしておくのがいいと思います」

　試験工程での下準備には、以下のようなものがあります。

①モジュールやクラス単位などで試験を行う順序を考慮しておくこと
②回帰試験が行えるような準備をしておくこと
③あらかじめ、バグが懸念される部分には前段階の試験での不具合記録や傾向を
　確認しておくこと
④システム試験や運用試験では試験の『手順書』を用意しておき、同じ手順が再
　現できる準備しておくこと

　これらの下準備をしておくことによって、試験項目をこなす作業と、試験中に出
た不具合を前工程（特に実装の工程）に報告する作業、そして修正されてきたモ
ジュールを組み込んで修正されているかどうかを再試験する作業がスムーズに行
えるようになります。

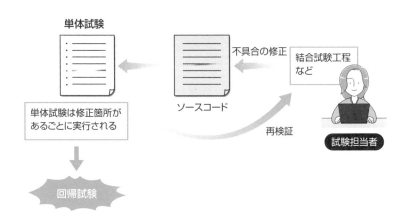

試験を考えたシステム構成

　ある意味で、試験工程は効率化が難しい作業です。いきおい、プロジェクトの
スケジュールが押してしまい、納入時期が近づいてしまうと、試験工程の効率化
や削減にやっきになってしまうものですが、そこで手抜きをしてしまった場合には、
結果的に運用時の障害を増やすことになってしまいます。

　商品開発により、ベータ配布であれば別の方法が取れますが、業務に関係する
基幹システムの場合には、運用時の障害がイコール顧客の損失になりかねません。
この試験工程の期間を確保し、試験工程自体を遅らせないためにも、設計や実装
工程のうちから、試験のしやすいシステム構成を考えていくことがシステム開発に
おいては重要なポイントになります。

第10章

仕様変更に対応する―要求管理

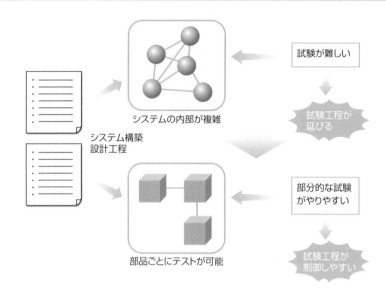

設計工程から行える試験への下準備については、ノウハウ的なものがいくつかあります。実例を交えながら見ていきましょう。

●O/Rマッピングの利用

データの更新などをチェックするためのCRUD[*]のテストでは、データベースの場合はデータベースに接続する部分をO/Rマッピングとして記述しておくと、クラス単位のテストとデータベースのアクセス部分との切り分けができます。

単純に、SQL文をソースコードの中に組み込んでいくことも可能なのですが、アプリを構築するためのプログラム言語と、データベースを扱うためのSQLの文法や作成の仕方を両方熟知している技術者が求められないときがあります。このような場合には、クラスを扱う感覚でデータベースを扱うことができるように、簡単なO/Rマッピングをしておくとで、コーディング時のミスが減ってきます。

---

[*]**CRUD**……データベース管理システムの基本的な4つの機能を表す用語。データの作成（Create）、読み出し（Read）、更新（Update）、削除（Delete）。

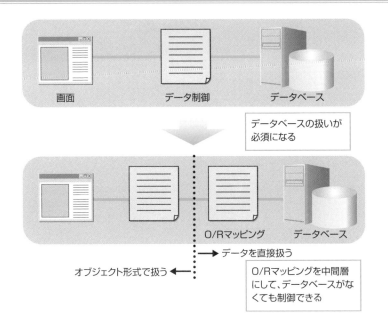

O/Rマッピングの利用

画面　　　　　　　データ制御　　　　　データベース

データベースの扱いが
必須になる

O/Rマッピング　　データベース

→ データを直接扱う

オブジェクト形式で扱う ←

O/Rマッピングを中間層
にして、データベースがな
くても制御できる

　また、データベースのアクセスをチューニングしなければいけないときになって
も、散在するコードの中からSQL文を探すのではなく、データベースアクセスを
行うためのクラスを集中してチェックし、同時にO/Rマッピング用のクラスを単体
で試験することにより、性能の調査や改善を図ることが可能です。

●MVCの利用

　画面と内部ロジックを切り分けておくことも、試験をスムーズに行わせるための
設計にもなります。MVCモデリング※を利用することにより、画面であるビューの
部分と、データを扱ったり業務ロジックを扱うためのモデルの部分が分離されま
す。

　そうすることにより、最初にモデルの部分で単体試験をした後に、ビューを結合
させて試験を行う2段階方式が可能になります。

※**MVCモデリング**……Model、View、Controllerという機能に分離することによって、それぞれの独立性を確保
すること。

第10章　仕様変更に対応する─要求管理

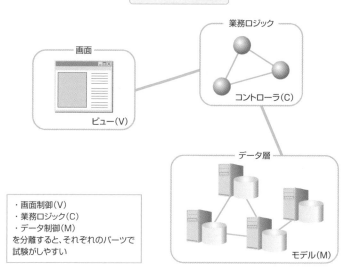

この分離がうまく行っておかないと、業務ロジックを調節するたびに画面の操作の試験を行って結果を出力する、という手間がかかってしまいます。

特に、画面の操作部分は自動化が困難なところもあるため、手作業が強いられるところです。それに時間がかかってしまうゆえに、再試験を省略しまったり、結果の確認などに人為的なミスが入ってしまい、試験自体の正確性や信頼性を落としてしまいかねません。

このようなことに陥らないためにも、画面の操作だけでなく、内部ロジック（業務ロジック）だけを分離して試験が可能な状態にしておくと、試験自体の効率や品質が高くなります。

同時に、画面からの異常値の入力は、内部ロジックとは異なるレベルでチェックしておくことも必要です。画面の操作では、ユーザーインターフェイスを起こすもの（入力した数値のエラーを利用者に警告するものなど）は、内部のロジックと切り離して考えておくと、画面のレイアウトや項目が変更になったとしても、内部ロジックに影響を与えることが少なくなります。

●バージョン管理

　システム試験では、各種のコンポーネントのバージョンを揃えて実行することが必須です。ある程度規模が大きくなると、システム試験では複数の会社が関わってくるようになります。このような場合には、誤って修正前のバ　ジョンを使ってしまったり、1つだけ最新のバージョンを使ってしまいがちになります。

　これらを同じように区切っていくために、コンポーネントごとのバージョンをチェックしておき、整合性を保つことを確認した上で行うことになります。

　このようなことが前提になると、バージョンの切り分けや、組み合わせが明確になるようなコンポーネント化や、機能ごとの分離による設計が必要になります。これは、システム運用を最適化する設計とは異なり、複数の会社が共同作業を行う基盤としての設計思想の視点が必要になるということです。

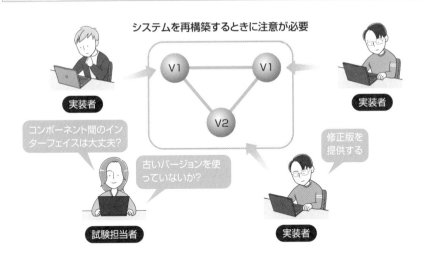

バージョン管理で混乱を防ぐ

システムを再構築するときに注意が必要

実装者

実装者

コンポーネント間のインターフェイスは大丈夫？

古いバージョンを使っていないか？

修正版を提供する

試験担当者

実装者

第10章　仕様変更に対応する─要求管理

　基本設計や設計工程においては、プロジェクトに関わる開発者のグループ化を考慮に入れて、設計作業を行っておくと、システム試験での作業がスムーズになり、結果的に余裕を持ったシステム開発を行えるプロジェクトを形成するために、プロジェクトを成功させる要因に通じてきます。

10-5

リリース後の変更、バージョンアップ

パッケージアプリ開発とWebアプリ開発では、リリース後の変更、バージョンアップの対応が異なります。ここでは、その違いについて説明します。

▶▶ 仕様変更、不具合記録による情報の共有化

●パッケージアプリ開発

パッケージアプリ開発の場合には、社内での仕様変更（たとえば、企画部門から開発部門への仕様変更の通達など）が行われるため、受託開発と比べて細かな手順は必要ありません。しかし、仕様変更による相互の機能の調節、パフォーマンスの調節あるいはチェックが必要になります。

さらに仕様変更により初期設計で行われたスペックではパフォーマンスが出ないことがあります。たとえば、利用するパソコンのパフォーマンスやHDD容量、利用するデータベースの容量や回線の速度の再チェックが必要です。初期設計では見積れなかったパフォーマンスを再見積りするためにも仕様変更の記録を残しておきます。

また、外部設計書とのズレも発生するため、仕様変更によりヘルプ文書を作るときの間違いが増えます。ユーザーインターフェイスを決定するための手順として、統一的に記録を取り、設計書の変更を行います。

●Webアプリ開発

Webアプリ開発の場合には、仕様の確定や変更が混在しています。短期リリースのため、ある程度の機能仕様やデザインのイメージができたらプロジェクトを見切り発車することが多いでしょう。この場合、ユーザーインターフェイスにおいてWebデザイナーとプログラマーの間で齟齬が起こらないように、外観の修正には記録を取り特に注意を払います。

また、わずかな表面的な修正であってもWebデザイナーとの連携が必要とな

るため、作業範囲が1人の中では収まりません。このような場合にも、Tracや
Exchangeなどの記録ができるツールの導入をお勧めします。最低限の場合であっ
ても、Excelによる記録管理を行うか、Google AppsのようなWeb上のOfficeア
プリケーションの導入が必須になります。

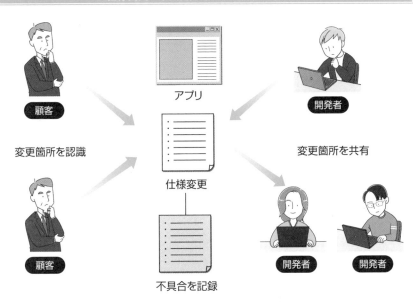

仕様変更、不具合記録による情報の共有化

▶▶ リリース後の不具合への対応

　アプリがリリースされた後の不具合に関しては、受託開発、パッケージアプリ開
発、Webアプリ開発で大きく異なります。

●受託開発

　受託開発の場合には、システムの不具合が瑕疵となり無償で修正をすることを
求められます。社内の基幹システムのような場合、重要なものであれば数日内で
の対応が求められますが、そのほかについては運用者によってカバーできること
がほとんどです。

第10章　仕様変更に対応する―要求管理

　ただし、リリース日直後については初期稼働特有のエラーが出やすいのでシステム稼働として立ち会いを行い、1週間程度はすぐに連絡が付くようにしておくのが普通です。

●パッケージアプリ開発

　パッケージアプリ開発の場合は、パッケージの購入者から不具合の連絡を直接受けます。最近では、Amazonなどの評価欄や個人のブログなどでパッケージ製品に対する評価が下されることがあり、ある程度の注意が必要です。発売後やダウロード販売開始直後の1週間程度はブログやツイッターなどの評価に対応する必要があります。

　修正に関しては、最近ではインターネット上からのアップデートを可能にするか、製品自体の再インストールが可能となるので比較的簡単にできます。リリース手順に従って再びパッケージを作るとよいでしょう。

　ただし、App Storeのように審査が必要な場合には簡単な修正であっても再び審査の期間が必要となるので、リリース直後の不具合には注意が必要です。カスタマー対応用のページなどをあらかじめ用意しておきます。

●Webアプリ開発

　Webアプリ開発の場合には、即日の修正、あるいは数時間での修正が可能になります。重大なシステム障害の場合には一度Webアプリを止める必要が出てきますが、受託開発やパッケージアプリ開発のような時間はかかりません。

　ただし、利用者にとってWebアプリは「24時間使える」という考えがある以上、障害対応に対して迅速に行う必要ができます。かつ、何度も同じ不具合が発生すると利用者が離脱してしまいます。有料の会員制のサイトの場合には、契約期間を延ばすなどの処置が必要となります。

　そのため、すでに動作しているシステムに対する修正は、別途動作確認用のサーバーを通じて再確認を行います。あるいは、できることならば負荷試験用のサーバーを残しておき、不具合検証や修正チェック用に残しておきます。最近では、クラウド環境や仮想環境を使うことにより開発時期のシステム構成をそのまま残して

おくことが可能になっているので、適宜残しておくとよいでしょう。

　開発環境については、別途新しいHDDを購入し仮想環境として残しておくと保管もでき、再利用がやりやすくなります。

▶▶ 試験工程で作成する仕様書

　試験工程では、各試験の記述と結果の管理、そして障害票による実装の修正が主な作業になります。Excelで作成した一覧表は主に試験工程の進捗管理のために利用します。

①結合試験で使う『結合試験一覧』と『結合試験仕様書』
②システム試験で使う『システム試験一覧』と『システム試験仕様書』
③不具合発生時に利用する『不具合管理一覧』と『不具合管理票』

仕様変更の例

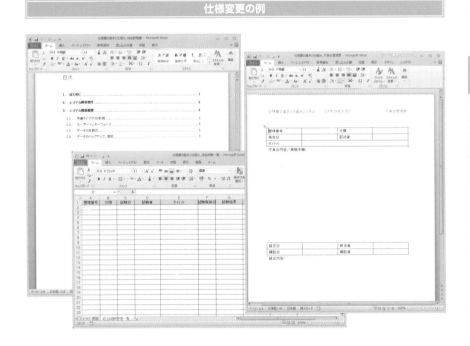

　また、各試験途中や実装工程、ユーザビリティ試験などで、初期の設計とは異なる変更が発生した場合には、以下のように変更記録を作成し顧客との齟齬を減らします。

④顧客の仕様変更に対応する『仕様変更管理一覧』と『仕様変更管理票』

第 11 章

不具合に対処する
──障害情報

　試験工程で発生する不具合や欠陥は、非常に予測しにくいものです。しかし、発生した不具合に対して、単に仕様に合わせた動作をするように修正するだけでなく、傾向を調査したり原因を探っておくことにより、次に発生しそうな箇所を想像して対策を打つことが可能になります。この 11 章では、対策を打つための情報として有効な障害情報を取り上げます。

障害票の流れ

試験工程で発生する不具合を記録して、試験担当者から開発者や設計者、そしてマネージャに正確な情報が伝わるように障害票が必要になります。この障害票に必要な情報を解説します。

▶▶ 障害票の情報

試験工程では、機能は部品（モジュールやコンポーネントなど）単位などで、システムの動作などの確認を行っていきますが、これらをチェックする段階で、不具合が発生します。試験工程で発覚した不具合は、**障害票（バグ票）** に記録されます。

障害票を取り回すことにより、不具合を解消していくわけですが、この障害情報の流れを押さえることも、試験工程での重要なポイントです。

障害票（バグ票）の例

	A	B	C	D	E
1					
2		障害報告書			
3					
4		管理番号	BG-R-00023		
5		該当障害番号	BG-B-00023		
6		報告日時	2023/1/12	報告者	川口
7		発見日時	2023/1/12	発見者	安部
8		対応予定日時	2023/1/15	対応予定者	水野
9		対応日時	2023/1/15	対応者	三木
10		障害概要			
11		大量の伝票データを送るとデータベースやアプリケーションの処理速度が落ちる			
12		詳細はシステム試験手順書 ST-T-00023を参照			
13					
14		考察			
15		システムの仕様の上限(500万件)に近い数値の処理が発生した場合は			
16		本現象が再現されるが、実際の日常運用では50万件が条件なので問題ないと			
17		判断する。			
18					
19					
20		対策			
21		実際の運用で発生する可能性が殆ど0に等しいので特に対策は行わない			
22					
23					

障害報告書

　試験工程で不具合が発生したときに記録される障害票の項目には、以下に挙げた必須とされる項目がいくつかあります。

●発生日

　まずは、不具合が発生した日付を障害票に記録します。これは、試験仕様書の項目番号と対応させて、いつ障害が発生したのか、という記録を取っておくためです。

　たとえば、試験された日にはすでに欠陥が修正された後であれば、この不具合に関しては、修正済みであることが期待されます。よって、新しいモジュールで再確認を行うだけで不具合が解消される可能性があります。

　しかし、記録された日付がかなり以前の場合には、なんらかの理由によって不具合が解消しづらい、という問題を抱えている可能性があります。これは、単に実装者が保留にしている事項かもしれませんし、要求仕様にさかのぼってしまう重要な不具合なのかもしれません。また、障害票の管理上の見落としなのかもしれません。

　発生日を記録しておけば、品質計画として障害の発生する状況を予測していくことも可能です。

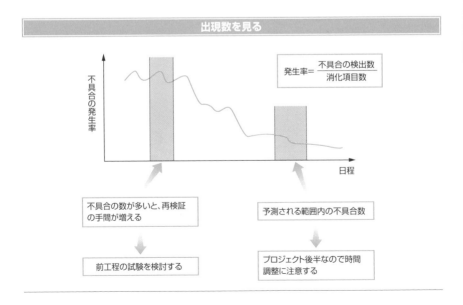

出現数を見る

$$発生率＝\frac{不具合の検出数}{消化項目数}$$

不具合の数が多いと、再検証の手間が増える

前工程の試験を検討する

予測される範囲内の不具合数

プロジェクト後半なので時間調整に注意する

　徐々に不具合の発生率が減っているのであれば、試験工程として収束に向かっていると言え、予想される試験工程の期間内に試験が終わることが考えられるのですが、いつまでも不具合の数が増え続けている場合や、多くの障害票が解決されないまま残っている状態では、試験工程が長引いてしまうことが予想されます。

　このように、障害が発生した日付の記録を取り、時系列として管理しておくことにより、試験工程でのプロジェクトの状況を把握する材料になります。

●試験担当者名

　次に、不具合を発見した**試験担当者 (テスター)** の名前を障害票に記録しておくことです。これは、障害票には書かれなかった事項を担当者に尋ねるときに利用します。

　理想的には、不具合が発生したときの状況を、すべて障害票に記録しておくことが望ましいのでしょうが、現実には難しいものがあります。あまり多くの事項を詰め込みすぎると、試験工程自体の進捗に影響を与えかねません。このような場合には、問い合わせを行う先として担当者の名前を記録しておきます。

　不具合の発生した状況、試験担当者としての予測、前後の試験項目の状態などから、実装を修正するときの有用な情報を得られます。

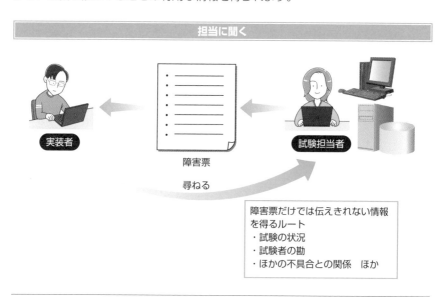

担当に聞く

実装者

障害票

尋ねる

試験担当者

障害票だけでは伝えきれない情報
を得るルート
・試験の状況
・試験者の勘
・ほかの不具合との関係　ほか

また同時に、不具合を再現させる手順や方法を記述しておくことが大切です。『試験手順書』に書かれている手順通りに試験を進めた場合でもどこでそれが起きたのかを明記しておく必要があります。手順が長かったり、煩雑の場合は修正する人の視点では二度手間になってしまうからです。

また、試験項目通りではなく、試験担当者の機転から発覚する場合もあります。このような場合には、不具合の現象だけではなく、不具合を再現させる手順を箇条書きにしておくと、設計者や実装者への有益な情報になります。

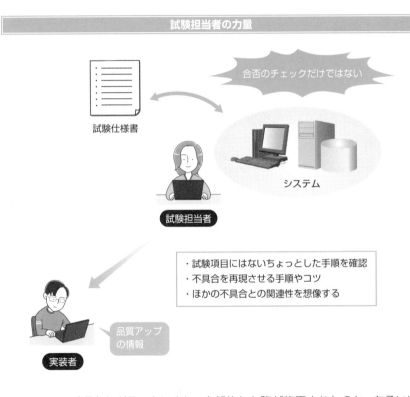

試験担当者の力量

合否のチェックだけではない

試験仕様書

システム

試験担当者

・試験項目にはないちょっとした手順を確認
・不具合を再現させる手順やコツ
・ほかの不具合との関連性を想像する

品質アップの情報

実装者

また、同じ手順をたどることにより、内部的な欠陥が修正されたのか、あるいは、実装を修正することにより不具合が出ることがなくなったかどうかを担当者以外でも確認できます。

対処の記録

　不具合が発生した場合には、なんらかの対処が必要です。これは「実装を修正しない」という対処の仕方も含まれます。プロジェクト管理の視点としては、試験担当者が試験工程の中で不具合として認識したものに対して、なんらかの行動が必要になります。そこで修正したという保証をするための証拠になります。

▶▶ 不具合と欠陥

　障害票を受けた実装者や設計者では、「不具合に対して対処した」あるいは「対処しなかった」記録を取っていきます。これは試験担当者が発見した不具合を、実装者や設計者が障害情報として受け取ったことの記録になります。

　障害票に対しては、実装を修正して再試験を行うパターンと、実装を修正せずに不具合を保留するパターンの2種類があります。

2つのパターン

　実装を修正する場合には、障害票を受けた実装者が、コードを修正して試験担当者に再リリースを行います。これを受けた試験担当者は、同じ手順で再試験を行うことにより、障害が解消されていると認識し、正常なシステムが構築されていると保証します。

　もう1つ、実装を修正しない場合には、未修正となる正当な理由を記録しておきます。これは、試験を実施した段階では不具合と見なされるものの、この理由により試験項目そのものを修正し、不具合とは見なさないという流れに変えるためです。

　この2つの流れを押さえておかないと、障害票の管理がズサンで保留になったままなのか、適切に対処されているのかの判断がつきません。

　これは、表面的に現れる**不具合**という現象、そして、その現象を出している原因としての**欠陥**という区別が必要なことから導かれます。

　1つの欠陥ではあっても、現象としての不具合は複数のものとして表面上に現れます。試験工程においては、これらの表面的なものをチェックしていきますが、実装を修正する場合には、この原因の部分を潰していくことになります。

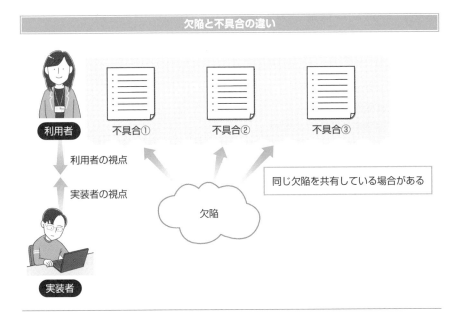

欠陥と不具合の違い

利用者

不具合①　　不具合②　　不具合③

利用者の視点

実装者の視点

欠陥

同じ欠陥を共有している場合がある

実装者

　よって、1つの障害票に対して未修正という決定を出したときに、ほかの試験項目でも不具合と認められるものが、正常と見直されるものが出てきます。また、既存の障害票にもそのようなものが含まれてきます。

　これらの不具合の検出の違いを認識しておかないと、なにがなんでも試験の『手順書』の動作に合わせる、という現実とは乖離した動きになりかねませんので、注意してください。

COLUMN　要件から機能へのつながり

　顧客からの要件を分析すると、次の4つの種類に分けられます。

①ビジネス的な要件
②利用者の要件
③できれば含ませておきたい要件
④システム的な要件

　これらの要件を機能仕様と合わせて整理していきます。このとき、要件と機能仕様とのつながりを保持したままで進めていきます。要件と機能仕様は1対1とはなりません。1つの要件がいくつかの機能により実現されることもあれば、1つの機能で複数の要件を満たすことができるかもしれません。
　このつながりは、プロジェクトが進むうちで機能制限をするときの要件との対応に役立ちます。

11-3

対処方法の分類

試験工程には、いくつかの分類があります。単体試験、結合試験のような実装、内部設計に対応するものもあれば、システム試験、運用試験のように要件や設計全体に関わるものもあります。

▶▶ 単体試験や結合試験での対処

1つの障害票に対する対処の方法は、いくつかあります。これらは、試験担当者や実装者レベルでは確認できない部分も含んでいます。ときには、設計者や要件定義を含んだ顧客までの確認を要する場合があります。

単体試験や結合試験では、主に試験項目の動作に合わせてコードを修正していきます。コードを修正した場合には、再試験を行うことにより、不具合が解消されたことが確認できます。

また、内部設計を見直すこともあります。障害票を検討した結果、設計と実装の一致はできているものの、設計自体に将来的な不都合である欠陥が含まれる、という判断を行った場合です。

この場合には、内部設計を見直し、それに対応する試験項目を見直し、その後に再試験を行う、という流れになります。コードは変更されないのですが、設計をチェックする試験という意味で、新しい試験項目を確認する再試験が必要になります。

さらに『設計書』から『試験仕様書』を記述する段階で情報のズレが起こり、試験と実装とのズレとなって現れる場合もあります。このような場合には、試験を行っている段階では、このズレが判別できません。

一度、障害票として設計と実装とのズレを確認した上で、設計と試験とのズレを認識することになります。この場合には、設計と実装は変更しませんが、試験項目を修正することになります。

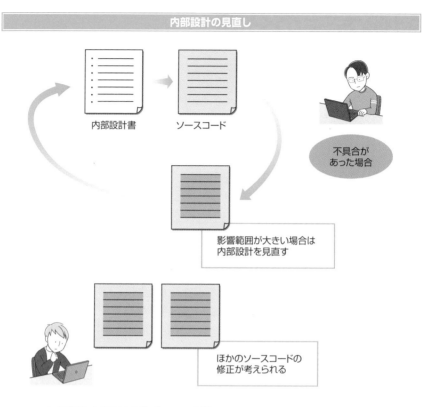

システム試験や運用試験での対処

　システム試験や運用試験では、プロジェクトの最終段階の工程でもあり、『設計書』や要件定義に合わせる理想的なシステム構築の視点から、より現実的な解答を求める折り合いの視点が求められます。

　システム試験では、結合試験の延長線上にある設計と実装との一致という視点と同時に、現在構築されているシステムの状態での限界値を知る視点が求められます。

　これは、顧客からのマスタースケジュールの制限もあり、単純なプロジェクト内での調節の問題ではない面を持つためです。

　このため、システム試験で発行される障害票の対処としては、実装の動きに合わせる、あるいは、要件の制限を緩くする（顧客の合意を求める）という手段があります。

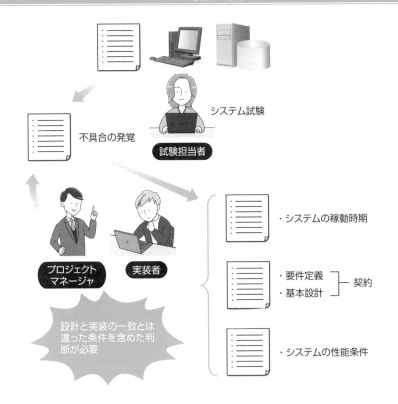

システム試験の対処

システム試験

試験担当者

不具合の発覚

プロジェクト
マネージャ

実装者

設計と実装の一致とは
違った条件を含めた判
断が必要

・システムの稼動時期

・要件定義
・基本設計 } 契約

・システムの性能条件

　理想を言えば、すべての要件を満たし、システム試験の項目をすべてクリアし、運用試験中にはシステム導入に何も問題がないことを保証できるのがよいのですが、それらはほとんど不可能です。

　この場合、試験のクリア条件を緩くすることも可能ですが、試験自体を消化することに目的が移ってしまい、プロジェクトで出来上がったシステムを導入し、運用した段階で未知の不具合が頻発しかねません。そうなる前に、構築したシステム自体の限界や特性を現実値として把握しておくことがシステム試験や運用試験の障害票の目的になります。

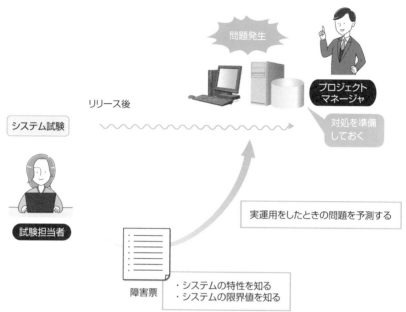

実測値を知る

問題発生

プロジェクト
マネージャ

リリース後

システム試験

対処を準備
しておく

試験担当者

実運用をしたときの問題を予測する

障害票

・システムの特性を知る
・システムの限界値を知る

COLUMN　試験工程での安定化を予測する

　試験工程では、不具合が発生し、これを開発者が修正するという流れが繰り返されます。

　それぞれの不具合を日付で記録しておくと、新しい不具合と解決済みの不具合との数が交差する点では、それ以降では不具合が0件になるまで減少すると考えられます。また、修正する不具合の件数が一時的に0件になった場合には、それ以降の試験の完了日が近いことが予測できます。

　このように継続的に障害票の日付を集計しておくことにより、試験工程の終了予測あるいは遅延の程度が判別できます。

11-4

プロジェクト管理の視点

障害票の取り回しを記録しておくと、プロジェクトのいくつかの問題が分かります。不具合が解消されるまでの平均的な時間や、不具合が発生している箇所（モジュールや機能など）が、試験工程の終了見通しを立てるために役に立ちます。

▶▶ 障害票から試験工程を予測する

プロジェクト管理の観点から見ると、障害票は、品質計画のとても重要な要素になります。プロジェクトの計画段階では、コードの質を判断する基準として、不具合の発生率が挙げられます。設計にマッチングしていくことを検出すると同時に、設計段階での見落としや考慮不足を検出できます。

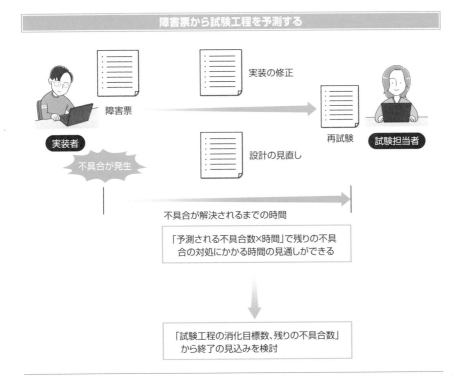

障害票から試験工程を予測する

実装の修正

障害票

実装者

不具合が発生

設計の見直し

再試験　試験担当者

不具合が解決されるまでの時間

「予測される不具合数×時間」で残りの不具合の対処にかかる時間の見通しができる

「試験工程の消化目標数、残りの不具合数」から終了の見込みを検討

これにより、不具合が多い部品（モジュールやコンポーネントなど）や機能に対して、集中的なレビューを行うなどの再検討の目安が得られます。

また、障害票の日付や量を記録することにより、次に発生する不具合の量を見積ることも可能です。これにより、それ以降の試験工程の進捗状況や、終了地点の見通しが立てられます。

プロジェクト管理の視点から見れば、試験工程は不具合の検出と修正という未知の要素が多い工程です。そのような工程での見通しを作る材料として、障害票の記録は非常に大切なものです。試験担当者の負担にならないように情報を収集し、試験工程の終了の予測や、システム導入後の不具合数の予測をしておくと、現実に則した計画が立てやすくなります。

▶▶ 運用保守で作成する仕様書

アプリのリリース後や、システム運用中には「障害管理」を行います。これは開発時の不具合や仕様変更とは異なり、すでに多くの利用者がいるために、アプリの修正を慎重に行うためです。また、すでに運用中のシステムを再構築できるように『システム復旧手順書』、システムを不用意に更新して運用をストップしないようにする『システム更新手順書』などが必要になります。

システム更新手順書の例

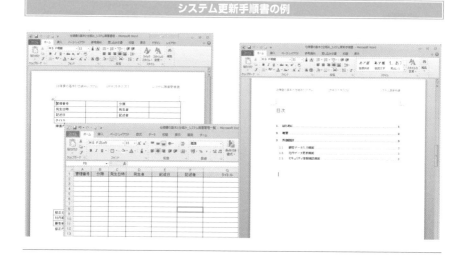

システム移行に対応する―移行計画

　システムを構築した時点では、最新状態だったソフトウェア
も時を経るにしたがって徐々に古くなります。物理的なモノと
違って、ソフトウェアそのものは摩耗することはありません。
しかし、構築されたシステムはそのままでは発展することなく、
相対的に古くなってしまいます。古いシステムをそのまま使い
続けると、割高なコストや運用手順の煩雑さが目立ってきます。
そのため、一定期間でシステムの移行を考えます。

システムをリプレースする

リプレースとは、機能が古くなったり、動作が遅くなったシステムやソフトウェアなどを新しいシステムやソフトウェアに置き換えることです。本書では、主にお客様の業務システムの構築を対象にしていることから、10年間程度の長いスパンの後のリプレースを想定しています。

▶▶ リプレースする理由

使い慣れた業務システムは、手になじんだ道具のように手放しにくいものです。道具の効率的な使い方を熟知していれば、多少とも道具の使い勝手が悪くてそれをうまくこなしてしまうのが人の慣れというものです。

そのため、官庁でのシステムや社内で使う業務システムは、最初の運用の後はあまり頻繁なリプレースは行いません。リプレースにより画面の動きなどが変わってしまうと、一時的ですが、業務の効率が悪くなってしまうためです。

そんな理由から、長い間、同じ状態で使い続けられてしまう業務システムは珍しくありませんが、OSのバージョンアップやシステム運用のコスト（ハードウェアの交換品の代金、サーバーの電力代など）の外部要因からリプレースが求められます。

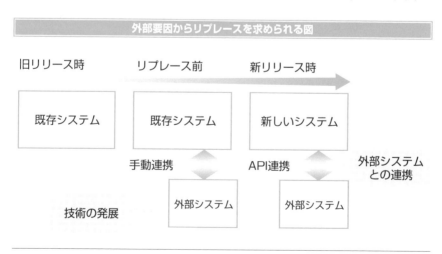

外部要因からリプレースを求められる図

旧リリース時　　リプレース前　　新リリース時

既存システム　　既存システム　　新しいシステム

手動連携　　　　　　API連携　　　　外部システム
　　　　　　　　　　　　　　　　　　との連携

技術の発展　　　外部システム　　外部システム

　システムのリプレースには、いくつかの方法があります。最近のスマホのアプリや一般向けの販売Webサイトのように継続的なリプレース、あるいはアップデートを繰り返すパターン、半年や1年間という単位で定期的に機能追加や改修を行ってリプレースをするパターン、そして、業務システムのように10年間も同じシステムを使い続けた後に業務改善も含めた移行計画を練るパターンです。

　まず、リプレースの理由が何であるかを把握しなければ、円滑なシステム移行は難しくなります。顧客の思惑や意向を確認していきましょう。

　プロジェクトマネージャの加藤さんがシステムのリプレースの要請を受け、顧客である阿部さんの会社を数年ぶりに訪問しました。

阿部　「今日は、わざわざご足労いただき、ありがとうございます」

加藤　「弊社で開発した販売システムは安定稼働しているようで、ここ数年は目立った不具合は出てないようですね。システムの使い勝手はどうですか？」

阿部　「えぇ、そうですね。すでに10年程度使っていますが、最初のころは多少混乱しましたが、今は問題なく運用ができています。販売サイトを使っているお客様も倍増していますが、特に動きが遅くなったという感じはありませんね」

加藤　「定期的にハードディスク内のデータもチェックしているので、多少データが多くなったところで大丈夫だと思います。10年前よりもCPUなどのスピードは速くなっていますが、これくらいのアクセス数であれば、ハードウェアもそのままで問題ないでしょう」

阿部　「えぇ、そうなのですが……」

加藤　「というと、何かお困りのことが？」

阿部　「そうなのです。現状の販売システムは問題ないのですが、社内の販売分析システムと連携させたいと考えていまして」

加藤　「販売分析システムですか？」

阿部　「以前、伝票などのデータを入力すると、販売分析してくれるシステムを外部のメーカーから購入しました。ブラウザを使ってデータを入力するんですが、そこが煩雑でして、なんとか改善したいと思っています」

加藤　「なるほど。データ連携の方法ですね」

阿部　「そこで、これを機会に社内で管理しているサーバーをクラウド上に移せないか、という話が出ているのです」

加藤　「ほう、クラウドですか」

阿部　「そうです。クラウド上に置くとシステムダウンがなくなるし、電気代もかからず、そもそもサーバーを社内に置かなくて済むので、コストやスペースの問題も解決すると考えているのです。どうでしょう、可能ですか?」

加藤　「そうですね。実は現状のクラウド環境にもいくつか問題があって、99.9%の稼働とは言っていますが、実際には年間で1〜2時間は止まってしまいます。クラウドの使い方にもいくつかあって、単純に現状のシステムを乗せ換えれば、コストが安くなるというわけでもないのです」

阿部　「あぁ、そうなんですか……」

加藤　「ひとまず、移行時の要件をお話しいただいた後、いくつかの移行パターンをご提案いたしますね」

　クラウド移行におけるリプレース案件は、単純な仮想環境への移し替えで済むものから、クラウドで使われている独自サービスを使うものまで様々です。動作環境が変わればネットワークのスピードやストレージ（HDDやSSD）のアクセスの仕方も変わってくるかもしれません。

　単純にはいかないものですが、逆に考えればそれだけ選択肢があるとも言えます。

▶▶ リプレース先を考える

　新しくシステムを構築する場合と異なり、システムリプレースの場合は、既存の資産を活用することを求められます。既存の資産というのは、今まで蓄積したデータや現在使われているプログラムやコードだけでなく、実際に使われている利用者のノウハウ、システムを活用している人の利便性などをも考慮します。

　たとえば、顧客向けの販売システムのようなWebサイトをすでに運営している場合、そのユーザーインターフェイスを極端に変えることは難しいでしょう。利用する年齢層や活用する時間や装置（スマホやパソコンなど）などを考慮した上で、

スムーズな移行上のヘルプが求められます。

　そうしなければ、せっかく獲得した利用者が減ってしまい、販売量が激減し、経営にダメージを与えてしまうかもしれません。

　そうならないように、現在のシステムを構築したときの本来の目的である『要件定義書』や『設計書』の確認、利用者の『操作マニュアル』の再確認が必要になります。

・要件定義書（目的）
・基本設計書（設計思想）
・操作マニュアル（どういう使い方をしているか？）
・運用マニュアル（日々のメンテナンス手順）

既存システムで確認する仕様書

システムの目的　　　　　　　　　　　　　　　　設計思想

既存システムの動きを把握する

要件定義書	基本設計書
操作マニュアル	運用マニュアル

現状の使い方　　　　　　　　　　　　　継続したメンテナンス

　基本設計書の確認は、システムが動作する環境を移行するときの重要な情報源となります。顧客環境（オンプレミス）で動いているサーバーをまるごとクラウド上の仮想環境で動かすとしても、ネットワークのスピードや外部データの参照（共

有ファイルやデータベースの参照）に非常に依存している場合は、外部の仮想環境に移すこと自体がリスクになります。

　クラウドに移した仮想環境から社内システムへのネットワークがインターネット経由になるため、転送スピードの問題の発生、あるいは社内で利用しているほかのシステムの光回線やルーターの処理スピードを圧迫してしまう場合も考えられます。

　そのため、社内システムからクラウドへの単純移行が想定される場合でも、システムエンジニアの視点で問題をチェックする必要が出てきます。特に、顧客からの提案の場合には、その要望を実現することによってほかの不具合が出ないかどうかをチェックすることが肝心です。

　社内システムをクラウド移行するときのいくつかのチェックポイントを示しておきましょう。現在のクラウドシステムには、様々な機能が提供されていますが、システム移行に際しては、現状のシステムとの相性（移行コスト、セキュリティの問題など）を考慮して選択します。

①動作環境を考える
・ 既存システム（Windows 7上など）をOSごと移行する ➡ 仮想環境
・ 既存システムのGUI部分のみを拡張する ➡ Webシステム
・ 既存システムのデータ部分を拡張する ➡ クラウド上のデータベース
・ 既存システムのロジックを分散する ➡ マイクロサービスの利用、Lambda/Functions
・ 認証や外部連携 ➡ クラウドの機能に代替
②データベースやネットワークのアクセススピード（数や量）を考える
③データ利用量、アクセス数による経済性を考える
④24時間運用、システムダウンの影響を考える
⑤セキュリティ保護の対象となるデータ転送を考える

　これらは新規にシステム開発と行ったときと同様に、移行時の『要件定義書』を作成します。システム移行が対象となるため、細かい部分は前回の要件定義や設計を引き継ぎます。参照先として文書からリンクを貼るだけでも十分でしょう。

　逆に、移行時に違いを明確にするために、差分だけではなく新たな要件や設計変更が必要な部分を明確に文書化しておきます。

　システムを開発する（コーディングする）上での変更部分に関しては、前回の設計書から外れない形で実装していくのが開発コストを抑えるテクニックです。オブジェクト指向やTDD、モジュール化/コンポーネント化の技術を使って切り替えを行います。

▶▶ 業務改善とシステム移行

　従来は、システムを導入する理由の1つとして「業務改善」がありました。紙ベースでやり取りしていた情報を電子化することよって、よりスピードアップした業務が行える上に、データ分析ができるとして、メールの活用や社内ポータルの活用、ナレッジデータベースへの蓄積などが推進されてきました。

　現在では、どこの会社も一通りのシステムは備えています。表計算ソフトや簡易データベースの活用だけでなく、スマホを利用した社内システムの利用や、社員が1台ずつ持つパソコンの個人的な利用も普通に行われています。30年前は、複数名に1台のパソコンが普通でしたから、本当の意味でのパーソナル環境がすでに整っています。

　しかし、これらを最大限に活用すれば、業務の効果が最大限に得られるとは限りません。ソフトウェアの開発コストは無料ではなく、たとえオープンソースで無料配布されているシステムを利用したとしても、利用者がシステムを利用する時間は決してタダではありません。便利と思われる業務改善ではあっても、効果的ではないものに対しては手を出すべきではありません。

加藤　「なるほど。一通り移行要件はお聞きしました。いくつか移行時に技術的に分からないところがあるので、このあたりは弊社で検証していきます」

阿部　「よろしくお願いします」

加藤　「あと、何か移行に関して付け加えたいことはございますか？」

阿部　「そうですね。これは、ついでと言ってはなんですが、ここの操作のフローを変えていきたいんですよね」

加藤　「変更ですか？」

阿部　「そうです。現在、在庫が枯渇したときのチェックにメールでの通知を活用
　　　　しているんですが、ここをスマホのほうにも通知できないかと思っている
　　　　のです。通知した後にアプリでチェックしたら、在庫の情報がチェックで
　　　　きて、販売サイトの在庫の変更と在庫管理の担当者に通知を入れられるよ
　　　　うな形ですね。こう、スマホにアラームが来て、タップで通知ができる簡
　　　　単な仕組みとか」

加藤　「なるほど。現在はそのあたりはどうなっているのでしょうか？」

阿部　「在庫担当がメールで通知を受けて、営業担当に口頭でチェックをしている
　　　　という感じですね。在庫の状態もいろいろなので、単純に在庫数がゼロに
　　　　なったときに知らせるというわけでもなく、季節的に減りそうなものがあっ
　　　　たら、事前に話しておくというのも聞いています」

加藤　「そうですね。単純に在庫数が足りなくなったらスマホに通知するという機
　　　　能は簡単に実装できそうなのですが、それに付随する情報が多そうですね」

阿部　「付随する情報というと？」

加藤　「今、お話されていたように、在庫担当の方が営業担当の方に伝えている情
　　　　報が、単純な在庫数だけの情報ではないということです。在庫担当の方が
　　　　経験上知っている販売のトレンドなどを伝えているので。この部分をスマ
　　　　ホへの通知に置き換えてしまうと、ここの重要なコミュニケーションがな
　　　　くなって、かえって業務が回らなくなってしまうおそれがありますね」

阿部　「あぁ、なるほど」

加藤　「ただ、毎回、口頭の会話が必要なのは、なかなか大変そうですね」

阿部　「そうなんです。営業のほうも常に社内にいるわけではないですから、捕ま
　　　　えるのが一苦労で。メールで送ったりしているようですが、たくさんのメー
　　　　ルに埋もれてしまうことがあるらしく、伝達漏れも出てきているらしいの
　　　　です。そこを改善できたらいいかなと思っているのですが……」

阿部　「そうですね。すでに問題はありそうなので、少し考えてみます」

・既存システムの動作をそのまま移行する
・既存システムを改善する

　せっかくの既存システムの改修なのですから、何か新しいことに手を付けておきたいのが人情です。ですが、単純な思いつきやまわりで流行っているからという理由だけで新しい機能を追加してしまうと、ムダなコストアップや、かえって業務を改悪してしまうことになりません。

　現在動いているシステムを安全に移行する（操作感やネットワークへのアクセススピードも含めて）という並行移動の部分と、ITで業務改善をサポートする点と分けて考えることが肝心です。

　業務改善の要件は、新規案件と同じように『ユースケース記述』から分析しておくのがよいでしょう。

移行計画を立てる

　移行要件と移行先が決まったら移行計画を立てます。システム移行のプロジェクトであっても、通常の開発プロジェクトと同じようにPMBOKなどに従ってプロジェクト計画やスケジュールを立てます。移行案件が新規の場合と異なる点は、既存システムとの兼ね合いになります。すでに動作している既存システムをどのタイミングで移行するのかに焦点を当てます。

▶▶ 既存システムのスケジュール

　システムを移行するときに注意する最大のポイントは、移行するタイミングになります。システムの機会損失を避けるために、移行のタイミングはシステムが稼働していない時間を選びます。

　たとえば、社内の経理システムや勤怠システムであれば、繁忙期や決算期などを避けるだけで十分でしょう。社内システムの稼働場所（サーバーの設置状況）にもよりますが、休日や夜間に立ち会いで切り替えてしまう場合も多いものです。年次切り替えのタイミングでデータベースの入れ替えを行えば、移行時のミスを減らすことも可能です。

　ただし、顧客向けのシステムによっては、365日×24時間稼働を意識したものもあります。Webサイトで販売などを行う場合は、夜間の切り替えであっても機会損失を減らしたいために数時間程度で終わらせたいときもあるでしょう。

　また、多数の顧客にホスティング機能を提供している場合には、多数の顧客が使わないタイミングをうまく選ぶ必要が出てきます。

加藤　「システムを移行するタイミングなのですが、特に希望はありますか？」
阿部　「そうですね。データ投入が集中する決算期は避ければ、特に問題はないと思うのですが」
加藤　「現状の在庫管理は、どのようなスケジュールなのですか？」
阿部　「在庫、というと物品のチェックのほうですか？」

加藤　「そうです。既存システムでは、文房具が搬入されるタイミングや棚卸のタイミングで在庫システムを多く使われていると思います。ログインのログと利用ログを見させていただいたのですが、搬入されるタイミングは午前中が多いようですね」

阿部　「えぇ、搬入日が月曜日と木曜日に決まっているので、このタイミングでデータチェックを行っています」

加藤　「あと、棚卸のほうは、1ヵ月単位でしたが……」

阿部　「あぁ、いまでは棚卸は3ヵ月に1度ですね。システムが入る前は1ヵ月ごとにやっていたのですが、システム導入後のズレが減りましてね、3ヵ月に1回に減らしたのです。移行のタイミングをズラせば、問題はないでしょう」

加藤　「そうなると、改修の要件も含めて、移行後のシステムリリースは、このくらいになりそうです」

　新規開発の場合には、システム稼働時期の前にシステム研修などの教育期間が必要になりますが、移行システムの場合は画面操作が変わらなければ、習熟の期間は短くて済みます。

　ただし、既存のデータを移行や既存システムからの切り替え、あるいは並行運用を考えます。

並行運用と切り替え

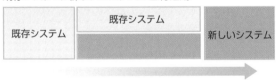

既存システム/新しいシステムの並行運用

| 既存システム | 既存システム | 新しいシステム |

既存システム/新しいシステムの切り替え

| 既存システム | 切り替え作業 | 新しいシステム |

第12章　システム移行に対応する―移行計画

　システム移行時の一番安全な方法は、既存システムと新しいシステムの並行運用ですが、必ずしも実現が可能とは言えません。予算面から二重にシステムを用意できない場合もあれば、新旧で外部のデータを共有している場合や特殊なハードウェア（IoT機器など）を利用している場合は複数の環境を用意するのが難しくなります。

　この場合は、新しいシステムで適当なモックアップを作成し、入念に試験をすることになるでしょう。

▶▶ 試験環境と検証環境

　システムの移行においても、試験環境や検証環境が必要になります。新規のシステムの場合、導入するハードウェアを利用しての試験や検証が可能になりますが、移行システムの場合には現在動作しているハードウェアを利用することは難しくなります。

　ただし、最近では動作環境がクラウドやVPS※で動作する場合が多いため、現在動作しているシステムのクローンを作ることはそう難しくはないでしょう。

　通常のパソコンでも、仮想環境を用意して既存システムを移し替えてテストすることも可能となっています。

　試験環境は、結合試験や運用試験などを考慮して開発者用に準備を行い、検証環境は顧客による操作感の確認や新しいシステムの動作を覚えるために利用します。適宜、開発中のアップデートを行えるようにしておくことで、移行後のシステム運用がスムーズになります。

　今回は社内システムからクラウドシステムへの移行案件のため、データベースの移行までを含めて実行環境を考えます。

加藤　「どうかな、例の販売システムだけど、クラウドへの移行計画のところは？」
桜井　「そうですね。データの量が非常に多いというわけでもないので、クラウド
　　　　上のデータベースへの課金は抑えられそうです。現在は過去のすべての
　　　　データを社内のデータベースに保持していますが、実際は数年分だけでい
　　　　いはずです。なので、クラウド上に持っていくのは、直近の5年間くらい

※**VPS**……Virtual Private Serverの略。1台の物理サーバー中に仮想化技術によって複数の仮想サーバーを構築し、ユーザーごとに割り当てて提供するサービス。「仮想専用サーバー」と訳される。

　　　　でいいんじゃないでしょうか？」

加藤　「そうだね。過去の在庫数を持っていても仕方がないから、削ってしまって
　　　　もいいかもしれない」

桜井　「ただ、将来的に過去のデータを使って分析するような場合に備えて、バッ
　　　　クアップだけは取っておいたほうがいいと思います。バックアップのデー
　　　　タはクラウド上にある必要はないので、社内の適当なパソコンに保持して
　　　　おくか、あるいはこちらで管理するかですね」

加藤　「既存システムは一応、お客さんのパソコンに仮想環境を作っておいて残し
　　　　ておくつもりなんだよ。移行時のバックアップもあるけど、試験時の比較
　　　　にも使えるかなと思っているんだけど、どうだろう？」

桜井　「そうですね。それでいいんじゃないでしょうか。ところで新しいシステム
　　　　のクラウド運用は、開発用の試験環境は必須としても、検証環境は必要な
　　　　いんじゃないかなと思っています。新しいシステムは、クラウド上に新し
　　　　く作ることになるので、検証環境がそのままお客さんの運用環境にするこ
　　　　ともできるので」

加藤　「そのあたりなんだけど、既存システムからのデータ移行計画はどんな方法
　　　　になっている？」

桜井　「実行環境自体は、新旧で二重に動かせるのですが、データを二重に入れる
　　　　のは結構、大変ですよね。幸いにして、データベースもクラウド上にコピー
　　　　をとることになるんで、運用試験中には既存システムデータを定期的に
　　　　クラウド上のデータベースにコピーすることを考えています。そうすると、
　　　　多少タイムラグはありますが、データを二重に入れる必要がなくなるので、
　　　　お客様の検証が楽になるんじゃないかなと思っています」

加藤　「そうだね。でも、そうなると既存システムから新しいシステムへの上書き
　　　　になるから、新しいシステムで入力したデータは消えてしまうことになら
　　　　ない？」

桜井　「そうですね。新しいシステムでの入力データは消えてしまいます。ですが、
　　　　そのあたりは検証環境として割り切っていただいて、運用前には既存シス
　　　　テムのデータを入力してもらい、リリース後には新しいシステムを使って

いただくという方針ですね」

加藤　「そうだね。システムの稼働状況から考えて、二重稼働させる意味はあまりないだろう。それよりも新しいシステムでの操作感を早く覚えてもらって、業務に支障が出ないようにすることを優先にしよう」

環境構築は、何を優先するのかを明確にして進めていきます。すべてを二重化したところで、利用者の入力の手間が多くなりすぎて、実際に入力できない状態になってしまえば業務が滞ってしまいます。

逆に、新旧のデータの照合などのコストをかけすぎてしまえば、移行システムの開発コスト自体が跳ね上がってしまうでしょう。

安全に運用されている既存システムをいかに邪魔せずに、新しいシステムに移行できるかが移行案件のポイントとなります。

▶▶ 移行試験工程の範囲

システムを移行させた場合も、通常の開発通り、結合試験や運用試験を行います。ただし、すべての試験項目をクリアする必要はないでしょう。試験項目の範囲は、移行に際して追加した機能や変更した機能、あるいは移行そのものが正しくできているかをテストします。

移行のついでに新機能を追加することも多いでしょう。新機能のテストは、できることならば、既存システムでの動作確認の後に新しいシステムで移行確認を行ったほうが理想的なのですが、なかなかそうはいきません。既存システムが古いプログラム言語や古いOS上で動いている場合などは、既存システムに改修を加えること自体が困難です。

そのため、新しいプログラム言語や新しい動作環境（OSやデータベースなど）に移すと同時に、新機能を加えなければいけません。この場合は、逆に移行後に既存システムと同じ動作をしていることを確認した上で、新機能を追加していきます。

あるいは、新旧で同じ動作をしている部分と新しいシステムで追加した機能を分離してテスト計画を立てます。

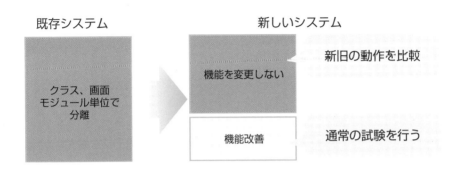

▶▶ 移行確認のための試験

　ここでは、社内システムをクラウドに移行する場合を考えてみましょう。クラウド移行には、いくつかのパターンがありますが、仮想環境であるVPSにまるごと移行するパターンと、いくつかの機能を分けてクラウド上のWebサービスを活用するパターンを考えます。

　クラウド上に仮想環境を用意する場合、主に既存システムをそのまま移行するパターンが多くなります。プログラムのコードは、旧来のコードを利用するために先行きの改修の不安は残りますが、改修コストを安く済ませることができます。社内で保持しているサーバーやデータベースなどの動作環境をひとまず移行する良い手段ではあります。

　ただし、VPSに移行する場合であっても、まったく移行試験なしというわけにはいきません。今まで社内のネットワーク上で動作していた既存システムをインターネット上のクラウドに移すことから、ネットワークの設定が変更になります。システムの動作環境が1つのパソコンやサーバーで閉じていたとしても、システムを利用するときの画面はリモートデスクトップなどのリモート操作に置き換えられるため、以前とは状況が異なります。

　一般に社内ネットワークのスピードよりもインターネット上のスピードは遅くなるために利用者からの操作感が変わることが多いものです。単純なVPS移行の場合には、業務で入力する打鍵のスピードにリモート操作が追い付いているかどうか

を確認します。

　VSP移行の場合でも、データベースを分離することが多いでしょう。セキュリティ保護が必要な顧客情報や社内の機密情報をクラウド上に保管しておくことは、顧客にとって若干の不安になります。実際のところ、適切なセキュリティ対策がなされていれば漏洩の問題は防げるのですが、可用性やコスト的な面でクラウド上に乗せるには難しいときがあります。

　その場合、データベースのサーバーを社内に設置して、クラウド上の新しいシステムからアクセスするという方法がよく採用されます。ただし、今まで発生しなかった社外から社内へのデータアクセスという問題が新しく発生します。社内でインターネット回線を共有している場合（社内からブラウザ利用している場合が多いでしょう）には帯域が問題になります。外部との接続回線（光回線など）を見直す必要が出てきます。場合によっては、クラウドの環境への専用回線を引くことも可能ですが、コストの面から非常に高価なものになります。そのような場合は、ランニングコストを考えたとき、システムの構成を見直したほうが良いパターンかもしれません。

▶▶ 移行特有の試験

　新しいシステムでWebサービスのように、既存システムとは異なったシステム構成を行う場合、重要な試験項目は、運用時の非機能試験になります。

　画面操作や機能的な面では、既存システムと動作を比較することにより順々に不具合を直していくことができます。クラウド上のWebサービスを利用する場合、VPSよりも動作が軽くなります。クラウド上でデータ処理を行い、処理済みのデータを利用者のブラウザやデスクトップアプリに送信します。あるいは、スマホのアプリと通信することもあるでしょう。VPSのリモート操作とは異なり、圧倒的にデータ量が少なくなるためネットワークへの負担は軽減されます。

　ただし、Webサービスごとのデータアクセスがあるため、テーブルアクセスやファイル操作のためのロックが発生します。利用者が多重にアクセスした場合などの排他処理が必要なこともあるでしょう。

　Webサービスを利用する場合は、排他的なデータのアクセスがスムーズにでき

ることを移行試験に含めます。機能要件とは異なった試験の視点が必要です。

▶▶ 新規機能のための試験

　移行するタイミングでの新機能追加は、リスクを増大させます。できることなら
ば、機能追加のない形で移行を済ませたのちに、新機能を順々に追加していくス
ケジュールが望まれます。しかし、改修スケジュールは改修コストの関係から分離
することが難しい場合が多いでしょう。

　顧客からすれば、まったく新しい機能がないシステム移行に大量のコストをかけ
るのは難しいものです。開発プロジェクトとしては、移行作業と新機能の追加を同
時行う必要がありますが、プロジェクト内で分離させることが可能です。問題を分
離統括することによって、複雑さによるリスクを軽減させます。

　分離するためにはいくつかの条件を整えます。

①既存システムの動作環境を用意して、新旧で動作を比較できるようにする
②新しいシステムへの移行を優先させ、おおまかな動作確認を済ませておく
③追加する機能は、構成管理（Gitなど）を利用してコードを分割管理する

　クラウド上でWebサービスへ移行する場合は、新旧のシステムでプログラムコー
ドを変更することになります。

　たとえば、既存システムでは、社内のC/Sシステムを組んでいた場合、新しい
システムでクラウドのWebサービスを使い、クライアントはほとんど変更しない、
ということが可能です。移行後でもクライアントの画面動作は変わらないのですが、
バックグラウンドのサーバー動作は大きく変更されています。

　このような場合、サーバーとクライアントで同時に新機能を追加するよりも、シ
ステム移行による安定稼働を確認した上で、新機能を追加したテストがやりやす
くなります。また、テストにより不具合が発生した場合でも、移行作業に問題があ
るのか、機能追加に問題があるのかの問題特定がやりやすくなり、結果的に開発コ
ストを抑えられます。

　そのため、今まで正しく動作していた既存システムをテストの「正」として扱い、

移行後の新しいシステムの動作の結果の突き合わせに利用します。TDDの自動化まで至らなくても、帳票の出力結果やデータベースの結果を自動的に突き合わせる仕組みを作成し、新旧の動作を確認する方法を工夫できます。

　その上で、新機能のテストを通常の開発プロジェクトと同じように試験をします。システムの動作が不安定なまま機能追加を行うと、問題が散乱してしまい、収集できなくなって開発プロジェクトが長引いてしまいます。

COLUMN　障害票のトレーサビリティ

　第11章では、障害票の取り回しの仕方を解説しましたが、最近ではGitHubのIssuesを使うことによって、オンラインでの実現が可能です。同じ機能は、各種のバグトラッカーあるいはチケット駆動のシステムを利用してもできる状態になっています。

　障害票は、単に不具合が発生したことを記録するだけのものではありません。発生日や修正完了日を計測することによって、試験工程の終了具合や開発しているシステムの難易度が高い部分が判明できます。

　Issuesでは、コードに対しての問題点や不具合をコード自身に直接結びつけることができます。コードを修正したときのコメントではなく、コミットログとして残すことにより、複数個所の修正を1つの障害票に結び付けられます。

　従来は、コードのコメントとして残してくことが多かったため、コードの可読性が悪くなっていました。特に削除すべきコードがコメントとして残されているために、コード内を検索したときにコメント部分も検索されてしまうという欠点がありました。コミットログと差分に情報が集約されているので、修正時に削除するコードはコメント化して残す必要はありません。

　Issuesでは、不具に関する議論の記録を残すことができます。issues自体にコメントとして残しておくことで、別途議事録のような形で残す必要がありません。特に不具合に伴い、設計の変更などの記録を議論という形で残しておけるので、あとで変更理由や経緯がわかりやすくなります。

12-3

運用手順を見直す

　仮想環境への単純なシステム移行であれば、運用手順はほとんど変わらないで
しょう。しかし、なんらかの機能アップや業務手順そのものを変えるような変更が
あった場合には、運用する手順そのものの見直しが変わってきます。ときには運用
手順そのものが業務へのボトルネック（日次処理の時間やデータバックアップの時
間など）になることもあり、新しいシステムへの移行時もこれらの運用手順を引き
続き行うかどうかを再検討します。

▶▶ 変更点を明確にする

　システム構成を変更すれば、運用の仕方も変わります。あらかじめ決めてある
運用手順や運用ヘルプに従って各項目をチェックしてもよいのですが、項目の過不
足に気づきにくくなります。ここでは、『ユースケース記述』を例にしてブレーン
ストーミング形式で運用手順の再確認をしていきましょう。

　プロジェクトマネージャの加藤さんが社内の情報システムを扱っている真島さ
んの助けを借りて、運用手順をチェックするところを見ていきます。

真島　「今回のシステム移行は、社内システムからクラウドへの移行なんですね」

加藤　「そうなんだ。現在、動作している文房具販売の伝票整理のシステムをクラ
　　　　ウド上に持っていこうという案件になる。システムは社内のクライアント・
　　　　サーバーとして構築してあるので、サーバー部分をクラウドに持っていく
　　　　形になるね」

真島　「サーバーへの接続方式なんですが、独自のTCP/IPですか？　それとも
　　　　Web APIを使っていますか？」

加藤　「社内サーバーは、HTTPサーバーだね。アプリは、常にWeb APIを通し
　　　　てアクセスすることにしている。今回の移行があまり改修をしなくて済む
　　　　のは、このおかげなんだ。プロトコル部分をHTTPSに変更して、ルーター
　　　　を通すようにしてある」

真島　「なるほど。もともとHTTPであれば、社内からクラウドに移しても転送スピードは変わらなそうですね。アクセス頻度は、どうなんですか？」

加藤　「それほど頻繁ではないようだね。データベースのログを見ても、アクセスは分単位程度で行われているようだ。クラウドに持っていった場合、アクセス数での課金になるんだけど、それも予算内に収まる予定だよ」

真島　「データベースのバックアップは、どうされていたんですか？」

加藤　「定期的に完全バックアップをしていたよ。本来ならば、差分とトランザクションで復旧させるのがいいだろうけど、データ量がそれほど多くないので、バックアップと復旧を簡素化させるためにそういう方式にしたんだ」

真島　「今回は、データベースもクラウド上のものを使うのですね」

加藤　「そう。データベースの課金状態もあるので、多少圧縮した形でクラウド上に置いておきたいんだよね」

真島　「NoSQL※とかXMLデータ※というわけではないんですね？」

加藤　「NoSQLも移行先に考えてみたんだけど、データベースの構成を変えてしまうと移行費用がかかってしまうのと、HTTPサーバー側のプログラムを変えたくなかったんだ。それで、そのままリレーショナルデータベースを使うことしたよ。クラウドの仮想環境上にデータベースを作ることも考えたけど、あまり複雑なクエリを使っているわけではないので、クラウドで提供しているデータベースを直接使うようにしている」

真島　「そうなると、バックアップの頻度と復旧手順が変わりそうですね。バックアップの方法は、ローカルにあるデータベースとは異なるので、少し工夫が必要だと思いますが」

加藤　「そうだね。データ量が少ないとはいえ、完全バックアップをするには時間がかかりすぎる量だからね」

真島　「データのバックアップや復旧自体は、頻繁に起こるものではないので、バックアップのデータ自体もクラウド上に置いておくという方法も考えられます。方法はもう少し考えてみましょう」

※**NoSQL**……通常のデータベースを使わない方式。主にビックデータなどを扱い、検索にクエリ（SQL）を使わない。

※**XMLデータ**……将来的にフィールドを自由に追加できるようにXML形式でデータを保存する方式。

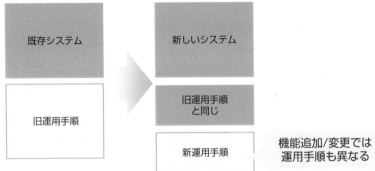

一見して、変化が分かりづらい移行前後のシステムですが、内部的な変更があれば運用形態も変わってくるのが常です。利用者にとって表面上変わらなくても、それを支える技術が変わっていけば内部の動きや、それを支える仕組みも変わっていきます。

場合によっては、同じ手順にできそうな場面も出てくるかもしれませんが、その同じ手順では新しいシステムに負担をかけてしまうかもしれません。あらためて一つひとつの手順をチェックしていきます。

▶▶ 運用を楽にする

新既存システムで運用手順や復旧手順が変わるとき、開発者側では、できるだけ手間を省きたいところです。

社内サーバーをクラウドに移行するときの大きな利点はハードウェア保守がいらなくなることです。顧客の環境や社内に物理サーバーを持っているときには、HDDやマザーボード、ネットワークボードなどを一通り用意しておく必要があります。これらをサーバーのハードウェア障害時に適切に交換を行い、元のサーバー機能が元通りに復旧されるようにします。

特にHDDでRAID※を組んでいる場合には、HDDの容量や製造時期を同一にしないと再びRAIDを組めなくなることがあります。これらのシビアな条件をクリアするために、顧客の環境にあるHDDを予備部品としてあらかじめ購入している保守会社も多いでしょう。

※RAID……複数のハードディスクをまとめて扱う方式。複数HDDを1つに扱うRAID0や、バックアップ対策用のRAID1などがある。

　既存システムをクラウド上に移すと、ハードウェアの故障に関してはクラウドを運営している会社が担ってくれます。利用方法によっては、クラウド上のサーバー構築は物理的なサーバーよりも高価になることもありますが、ハードウェア部品の交換やUPSなどの無停電装置の設備費などを考えると、顧客の負担はぐっと減ります。

　しかし、サーバー機能をクラウドで運用するようにすれば、すべてが楽になるというわけではありません。オンプレミスでは、適当なタイミングでサーバー保守作業を行えたものですが、クラウド上のサービスはクラウド運営会社の都合（主に障害ではありますが）によって止まることがあります。ネットワークの遅延など、保守会社単体では分からない現象に悩まされることもあるでしょう。

　この場合、今までの保守契約とは異なった契約の仕方が必要です。現在においては、クラウド上で運営する限り完璧な無停止の状態は極めて難しいでしょう。クラウドのデータセンターを別契約し、自前でのロードバランサーの仕組みを組むことによって無停止の状態を確立することも可能ですが、大規模なゲームサーバーでもない限り運用コストに見合いません。

　クラウド上のWebサービスの不具合により、運用しているシステムが停止してしまうことも考えられます。突如としたアクセス数のアップ（ポートスキャン＊やDDoS攻撃＊を含む）によりサーバー負荷がピークに達してしまう可能性もあります。クラウド上のアクセス数はそのまま運用コストに関わってくるものなので、適切なアクセス数を維持することが大切になります。

　不特定多数の利用者が頻繁にアクセスするものではない限り、一定以上のアクセス数はなんらかの不正アクセスを意味します。サーバーへのアクセス数を監視して、一定時用のアクセスあったときは、警告を保守会社に通知する仕組みも使えますが、対処が手動であるため手間がかかります。なんらかの不具合のアクセス数（社内クライアントの不具合によるアクセスも含む）を抑えるために、クラウドのWebサービスの機能を使って一定期間のアクセス上限を決めてしまうとよいでしょう。

　社内システムでは、連続したアクセスは特に問題がないかもしれませんが、クラウド上での連続したアクセスは直接コスト（課金）に関わってきます。この突発的なコストを抑える手段を自動化しておきます。

　情報システムの管理では、遠隔や規模を大きくしても多くの機能を提供できる

＊**ポートスキャン**……すべてのポートに信号を送ってポートの秋状態をチェックする。外部から不正アクセス可能なポートを調べるときに使われる方法。
＊**DDoS攻撃**……複数のコンピュータから攻撃対象に同時に通信を送ってネットワークをダウンさせるサイバー攻撃。

というプラスのメリットと同時に、稼働時に人件費を抑えられるとマイナスのメリットもあります。たとえ、機能が豊富になったとしても、クラウド上に移行したシステムをメンテナンスするために、社内システムの運用よりも手間がかかっては意味がありません。せめて同程度の手間に抑え込むか、できることならばネットワーク上にあるというメリットを利用したリモートメンテナンスやメンテナンス機能そのものをクラウド上で自動利用する（ログの監視機能や定期的に実行するレポート作成機能など）ことも考えていきましょう。

COLUMN　システム移行時の見積り方法①

　システム移行のときに金額を見積るのは、非常に難しい問題です。新規の案件であれば、要件定義や機能別設計から概算を出すことも可能なのですが、リプレースのようなシステム移行の場合は、現状動作している機能をすべて移すことが多く、機能削減の余地があまりありません。

　機能の規模が同じであれば、移行前の旧システムを構築したときと同じ予算にできるかという、そうはなりません。「既存システムがあるのだから、設計書やコードなどが手元にあるはず」という理由で移行前のシステムよりも低い予算になります。

　実際に、システムを移行するときの計画として、下記の条件が予算や移行期間の決定に大きな影響を与えます。

・既存システムの要求定義や設計書の有無
・設計書の正確さ（変更の反映頻度など）
・コード自体の有無
・コードの難解さ（変更の回数や古いフレームワークの利用など）

　古いコードの場合には、一から作り直したほうが早い場合もあり、実際そうすることも多いでしょう。しかし、一から作り直すとしても、旧システムと同じ予算が取れるかと言う難しいのが現実です。この場合、顧客（現状のシステムの利用者）がどれくらいの移行予算を立てられるかを予想することころから始めます。

（P.312へ続く）

12-4

試験運用とデータ移行

　システムをはじめて導入するときと異なり、リプレース案件ではすでに動作している既存システムがあり、その動作を損なわないように新しいシステムを動かさねばなりません。システムをリリースするときに、新旧のシステム切り替えて運用に入るか、一定期間並行運用したのちに既存システムを停止させるのか、の2つの方法があります。この2つの方法での試験運用の仕方と既存データの移行方法を考察していきましょう。

▶▶ 切り替え方式の場合

　安定的なシステム運用の観点からは、2つのシステムを並行運用することが最適ですが、諸事情によって切り替えを行う場合があります。

　大規模な銀行の運用システムのような場合、並行運用による新旧データが同時に発生する場面はむしろ安定性を損なってしまいます。この場合は、切り戻し※を準備をした上で、集中的にデータの変換やシステムの入れ替えを行います。

　入れ替え作業は、短時間/短期間で納める必要があるため、移行手順を綿密に立てておく必要があります。移行時の時間単位のタイムスケジュールを立てて、移行作業自体の遅れが視覚化できるようにします。移行作業が正常に行われているかどうかを試験する必要も出てきます。

　いくつかの主な移行時の『試験仕様書』、『手順書』をあげておきましょう。

・移行時のタイムスケジュール/マイルストーン

・『移行手順書』、『データ移行手順書』

・移行時のリスク管理、リスク発生時の対処手引き

・リスク発生時の切り戻しを判断する資料

・切り戻しの『手順書』

・移行前の『運用試験仕様書』、データ移行の『試験仕様書』

・移行時の『運用試験仕様』、動作確認用チェックシート

※**切り戻し**……既存システムを再び稼働できる状態にしておくこと。

　移行作業自体は短期間に絞られるため、時間との競争になります。ときには休日や夜間での作業も必要となるでしょう。タイムスケジュールには、作業の休憩時間やリスクを対処する予備の時間も必要です。

　切り替え方式の場合は、事前準備が大切なので、移行時と同じタイムスケジュールで作業できるかどうかを実際に確認しておくことも重要です。

▶▶ 並行運用の場合

　ハードウェアに余裕がある場合やシステムごとに運用環境が異なる場合は、一定期間の並行運用がお勧めです。既存システムを業務運用している傍らで、利用者の使い勝手を確認するために新しいシステムを稼働させます。

　今回のクラウド環境への移行は、外部の販売分析サービスとの連携も含めているため、並行運用をして利用者の使い勝手を確認しています。

並行運用の移行スケジュール

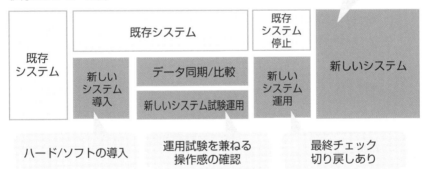

移行スケジュール例

第12章　システム移行に対応する─移行計画

加藤　「移行スケジュールはこのようになっています。しばらくの間、既存システムと新しいシステムを同時に動かしておいて、操作に慣れていただく計画です」

阿部　「なるほど、入力の手間が結構かかりますね」

加藤　「そのあたりは仕方がありません。ただ、すべての在庫データを入れて抱く必要はなく、部分的でよいと思います。在庫管理のいくつかのカテゴリがあるので、ここの部分だけ、新しいシステムに二重で入力するという感じですね」

阿部　「全部入れなくていいんですか？」

加藤　「そうです。最終的には、新旧の入れ替え時にデータを既存システムから新しいシステムへ完全に移行します。ここの部分の並行運用の意図としては、今回連携する販売分析システムの連携操作を確認する意味も含んでいます。基本はバックグラウンドで連携しているので手間はないのですが、日次や月次でデータ抽出をして分析する操作が新しく入ってくるので、この部分の操作の確認です」

阿部　「分析システムは、直接操作するわけではないんですね」

加藤　「販売分析への直接アクセスは自由にできるのですが、操作感があまりにも現在のものと異なるので、簡易的なものを用意しています。今回の在庫管理に必要な部分だけを、新しい操作をあまり覚えずに使えるようにというところです。いずれ、すべての機能を御社で活用できるようになれば、直接使うか、あるいは御社用に再びカスタマイズするかという選択肢があります」

阿部　「そうなんです。販売分析のほうは、経営判断で入れているので、直接的に在庫管理システムに関係ありません。毎月の作業が増えてしまうだけでは、単に忙しくなるだけかなと思っていたところです。ある程度ピックアップしてもらえれば、後で判断できるのはいいですね」

加藤　「並行運用自体は、費用の関係から2ヵ月ほどを見ていますが、場合によっては半年ほどに伸ばしても良いでしょう」

阿部　「そこまで伸ばす必要があるんですか？」

加藤　「そうですね、ちょうど4ヵ月後に決算があるので、決算関係の帳票をたくさん作らないといけないはずです。基本は、この決算期に新しい帳票を使いたくて、今回の移行スケジュールを組んだわけですが、開発スケジュールが押してしまったりすると、決算にかかって危ないという印象があります。開発自体の不明点もそうなのですが、使い勝手の操作感の変更などを含めて考えると、スケジュールが後ろに倒れてしまったときに決算直前に移行システムのリリースがかかってしまいます。もし、そうなると、決算の忙しい時期に慣れていない新しいシステムを使わないといけない事態になってしまうのです」

阿部　「あぁ、それは大変ですね。決算のときの混乱は避けておきたい……」

加藤　「基本的なスケジュールを守ることは大切なのですが、そのために無理矢理リリースしてしまうのも、こちらとしては本意ではないので。そのようなときは、少し既存システムを長めに動かして、決算が無事に終わった後に新しいシステムに移行したいと考えています」

阿部　「分かりました。私たちとしても、自分たちの業務も大切なので、そのようなスケジュールのほうが良さそうです」

　今回の既存システムからのクラウド移行は、動作環境を入れ替えるために完全な切り替え計画になっていますが、継続的なシステム更新を考え、今後はクラウド上での小規模な更新を繰り返していくでしょう。リリース時の構成管理を分離させることで、システムを停止させずに運用を続けることもできます。

　時代とともにシステムも古くなってきます。一般的に社内システムは更新スパンが長いものが多いのですが、少しずつ改修できるようにシステムをうまく変えていきましょう。

COLUMN　システム移行時の見積り方法②

（P.307からの続き）

　システム会社からすれば、旧システムと同額欲しいところですが、そうはいきません。逆に、移行費用が0円ではないことも顧客は理解してくれます。移行にはそれなりに人件費が掛かっているのは顧客にも見えるところです。

　そうなると、その中間の「旧システム予算の半額が妥当である」という仮定になります。半額である根拠はあまりないのですが、強いていれば、家電を修理してこのまま使うのか、それとも修理して新しい機能追加した家電にアップデートするか（このような家電はありませんが）、という違いです。

　この半額の予算で、システムが移行できるかを試算します。先と同じように設計書の有無やシステムで利用する画面数（ヘルプや実動作を見ます）、複雑な画面の動作のコード部分をピックアップして複雑度やコード量を調査します。その結果、設計を端折れるのか、古いフレームワークから新しいWeb APIへと切り替える必要があるのか、などがわかり、工数が計算しやすくなります。新規機能などは、移行か否かを考えず、通常に設計し実装したものと考えます。

　これらの機能面からみた積み上げた規模見積りと、顧客が許容できるシステム移行の予算（旧システムの半額）との折り合いをみていきます。上限を超える場合には、移行機能の見直しや新規機能のカットなどを考えます。半額に達しない場合は、そのままの提示でもよいでしょうし、システム移行時の機能の盛り込みを増やしても構いません。

　このように予測される予算と折り合いと規模見積りとの上下の範囲から絞りこむのがシステム移行時の予算とスケジュールの立て方のコツになります。

ナレッジ
マネジメント

開発会社では、1つのプロジェクトが終わったとしても次の
プロジェクトが始まります。プロジェクトには様々な仕様書や
設計書がありますが、何もそのプロジェクトだけのものではあ
りません。現在のプロジェクトを実行しているときに参照する
こともあれば、過去のプロジェクトの情報を参考にすることも
あります。会社として、個人の資産をうまく活用しましょう。

プロジェクトの情報を残す

プロジェクトで作成される要件定義書や各種の設計書は、プロジェクトメンバーが参照できる場所に保存されています。プロジェクトマネージャ、メンバーなどのポジションによって閲覧できる情報は制限されるかもしれませんが、基本はすべてのメンバーが参照できるようにします。

▶▶ 情報をどこに残すのか

プロジェクトの情報は、かつて社内にある共有サーバーに置くことが多かったのですが、最近ではクラウド環境※に置くことが多いでしょう。

各種の設計書や議事録などは、プロジェクトの顧客とやり取りすることが多いものです。ExcelやWordで作成した最新版を顧客にメールで送付するよりも、顧客から参照できるクラウド環境に配置したほうがスムースに閲覧できるようになります。メールの誤送信などのセキュリティ上のリスクも減ります。

社外秘となる情報や個人情報などのプロジェクトなど、外へ漏洩されては困る文書は別途管理を厳重にする必要がありますが、一般的な開発プロジェクトに関するものであれば、協力会社や契約社員などのNDA※の範囲内で閲覧が自由できるほうが、プロジェクトとして開発効率があがります。

特に現在においては在宅勤務・リモートワークなどが推進されているため、社内サーバーへのアクセスをVPN等でコストをかけて制限するよりも、クラウド環境を顧客も含めたプロジェクトのメンバーで利用したほうが利便性が高くなります。

ただし、利便性だけを追い求めてしまうと、思わぬセキュリティの罠に引っ掛かりかねません。基本はプロジェクト内でのみ利用される仕様書や設計書ですが、管理権限のあるユーザー名やパスワードなどの**秘匿情報が含まれる文書**※は、厳しく制限する必要があります。

※ **クラウド環境**……Google CloudやMicrosoft 365など。
※ **NDA**……Non-Disclosure Agreementの略。秘密保持契約。
※ **管理権限の〜文書**……たとえば、運用手順書や環境構築手順書など。

情報アクセスの範囲

閲覧可能な情報

　一般的な文書と特殊な文書へのアクセス管理は、クラウドなどで使われる**ユーザー権限**を活用します。社内のネットワークであれば、ユーザーのドメイン管理による細かな制限も可能でしょう。

加藤　「来週から助っ人として入ってくれる人だけど、プロジェクト情報の説明はどのくらいの期間を見込んでいるの？」

桜井　「半日か、多くても1日ぐらいですかね。私が2〜3時間くらいプロジェクト計画書の説明をして、その後は、基本設計を書いた鷹山さんに担当部分を説明してもらうことになっています」

加藤　「設計書は、現状ではどんな感じかな？」

桜井　「計画よりも少し遅れていて、担当部分の設計はまだ半分というところです。本来なら来てもらうときまでに、設計書ができているとよかったのですが、ほかの作業が押しているので……」

加藤　「どのくらいまでに、できそう？」

桜井　「実は、お客さんに問い合わせないといけない部分があって、少し決まって
　　　いないところがあるんです。そのため、『完全に』という見通しは難しい
　　　ですね」

加藤　「その場合でも、作業の割り振りは可能になるのかな？」

桜井　「設計としては、既に決まっている部分が半分程度あるので大丈夫だと思い
　　　ます。その後は、適宜改版された部分を参考にして、コードを書いてもら
　　　うという形になりますね」

加藤　「設計書のほうが間に合わなくなって、作業が止まってしまうようなことが
　　　あるかな？」

桜井　「担当分としてはあるかもしれませんが、ほかにも手伝ってほしいところが
　　　あるので、手が付けられるのであれば、そっちのほうを先にやってほしい
　　　というのもありますね。時間が取れるかどうかは難しいのですが……」

加藤　「作業の割り振りって、桜井さんが音頭を取る感じのほうがいい？」

桜井　「いや、手伝ってくれる方がかなり優秀だという噂で、鷹山さんが言うには
　　　『データベースの障害に強いらしい』ので、こっちで情報をオープンに出
　　　して探ってもらうのが手っ取り早いかと思っているのですが、どうでしょ
　　　う？」

加藤　「まあ、そうだろうね。この案件に関しては特に顧客情報を扱わないし、こっ
　　　ちで情報を制限するよりも好きに動いてもらう方が効率的かもしれない」

桜井　「そうなんです。なので、閲覧権限と編集権限をメンバーと同じように設定
　　　しておいて、閲覧するフォルダーのほうは特に制限しなくてもよいかもし
　　　れないですね」

　各種の文書は、プロジェクト終了時には会社の資産として扱うことを考えると、
一つひとつの文書（ファイルやフォルダー）に対して細かな制限を設定する方式
よりも、漏洩されては困る秘匿すべき文書を選んで制限を設定したほうが得策で
す。できるかぎりプロジェクトの情報を共有したほうが開発効率は良くなるため、
秘匿すべき情報をできる限り少なくします。

　文書管理では、ユーザー権限を細かく設定することは可能ですが、プロジェクトに参加している契約社員が参照すべき文書にアクセスできないなどの不都合が頻発してしまいます。

　特にプロジェクトメンバーの流動が多いときは、ユーザーのアクセス権限を付与する負担がマネジメントリスクとして残ってしまいます。一般的な情報システムの場合には、アクセス権限を絞るところからスタートするのが基本ですが、プロジェクトで利用する公開文書については、基本的にはメンバーに対してオープンにしておきます。プロジェクトメンバーが相互に協力できるように自発的な良い動きを妨げないようにします。

▶▶ 情報のセキュリティ

　プロジェクトで扱う情報は、『要件定義書』や『設計書』に限りません。最近ではチケット駆動などで使われる開発チケットを扱うシステム、顧客を含めたチャットシステム、障害票のやり取りをするバグトラッカーのシステムなどがあります。

　プロジェクトで扱う文書や情報については、以下のようなセキュリティ要件が考えられます。

①プロジェクトの契約書などを扱うマネジメント要件
②設計書や試験仕様書などのメンバー用の要件
③課題管理や議事録などの顧客を含めた要件

　契約社員や派遣社員を含める場合は、②の要件を社員用と社外用とを分離してもよいのですが、できるだけまとめたほうが得策です。特に②の要件に関しては、Gitなどを使ったコードの管理が含められることが多いので、開発者を2つのグループ（社員グループと派遣グループなど）に分けることは可能ですが、リポジトリ※の分離など複雑になってしまいます。

　顧客を含んだ運用試験を行う場合は、障害票の管理が発生します。この場合は、②のコード管理も含めることになるので注意してください。

第13章
ナレッジマネジメント

※**リポジトリ**……ソースコードや設計、データの仕様、成果物などを保存して共有する一元的なデータベースやアーカイブのこと。設計情報やソースコードの更新情報などが保管されており、複数のプロジェクトメンバーがどこからでも効率的に共同作業ができる機能を備えている。

　一般的に開発プロジェクトをサポートするGitHub[※]などでは、オープンソースの開発方式を利用している関係から、顧客に隠しておきたい情報という方式が採用しにくいのです。

　課題管理なども、②の領域に含めて顧客とオープンな形で開発を進めるのか、プロジェクトの状態を別途文書で顧客に報告する形で③として分離するのかを考えておく必要があります。

　また、受託開発の顧客によっては、GitHubなどのツールに慣れてない場合があり、②の領域から適宜ピックアップして提出資料として整形した上で顧客に提出することが求められます。

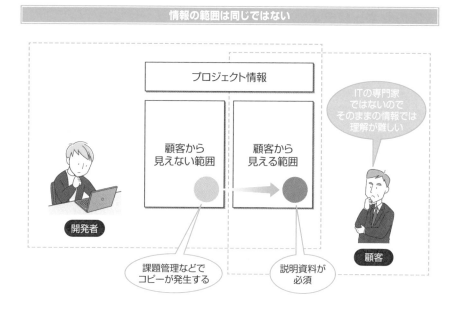

情報の範囲は同じではない

プロジェクト情報

顧客から
見えない範囲

顧客から
見える範囲

ITの専門家
ではないので
そのままの情報では
理解が難しい

開発者

顧客

課題管理などで
コピーが発生する

説明資料が
必須

※**GitHub**……プログラムコードやデザインデータを保存・公開できるソースコード管理サービス。ソフトウェア開発のプラットフォームとして世界中の開発者に広く使われている。

本書では、仕様書や設計書をWordで作成した例を示していますが、最近ではクラウド環境を使った文書管理をする場合もあると思われます。それぞれの文書をどのように整理していくのか。従来の文書管理と異なっている点を探っていきましょう。

▶▶ 品質マネジメントシステム

IT分野において文書管理の元祖となるのは、工学の作図などの図面です。物理的な部品の作成や工場の生産と同じ基準をIT業界にも適用したものがISO9000[*]です。品質マネジメントの各種要求事項はもともと製造業で扱われていたもので、生産工程と品質確保に重点が置かれています。

ソフトウェア業界においては、繰り返し可能な生産工程よりも、一回性[*]であるプロジェクトとして設計に焦点があてられます。

設計時の文書（外部設計、画面設計、内部設計など）がどのようにつながり、最終的な製品[†]に影響を与えているのかが追跡可能（トレーサビリティ）であることが求められます。

桜井　「鷹山さんが作った基本設計書から画面設計書ができあがってきたので、先日レビューをしたけど、感触はどう？」

鷹山　「詳細はレビューの報告書に上げているのですが、おおむね大丈夫そうですね。少しだけ用語が違っているので、こまめに指摘してあります」

桜井　「辞書作りがうまくいっていないのかな？」

鷹山　「いや、そういうわけではなさそうです。基本的に、画面に表示される項目はお客さんの業務用語を使っているのですが、そこに二重の意味で使っている用語があって、少しややこしくなっています」

桜井　「画面上だけの問題？」

鷹山　「いえ、内部のデータベースで画面の項目と合わせてしまうと、意味が重なってしまうので、別々な用語に分けました」

第13章 ナレッジマネジメント

---

[*] **ISO9000**……ISO（国際標準化機関）が定めた品質マネジメントシステムに関する国際規格群。
[*] **一回性**……ある事柄が一回しか起こらず、再現できないこと。
[†] **最終的な製品**……この場合はプロジェクト完了時の納入されるシステム。

桜井 「そうなると、画面と内部設計とのズレが出てこないかな」

鷹山 「できることならば、お客さんに事情を話して、統一したほうがいいと思いますが、お客さんはお客さんの業務での事情がありますからね……。詳細設計レベルで合わせるしかないと思いますよ」

桜井 「そこは、作りとして注意しておきたいところですね。ほかには何かありますか？」

鷹山 「あと、基本設計から対応は取っていたはずなのですが、1つの画面がまるごと抜けていました。お客さんに問い合わせをしている途中なのですが、どうも利用頻度が少ない画面らしくて、確認漏れみたいです」

桜井 「確認漏れか。規模的にはどのくらいになりそう？」

鷹山 「まあ、バッファで埋められるくらいの量じゃないでしょうか。ちょっと詳しく調べないと分からないのですが、ほかの画面との連携がなさそうです」

桜井 「データベースに変更は出てきそうですか？」

鷹山 「テーブルのほうは変更がなさそうですね。集計結果を出している画面らしいので、既存のテーブルからデータを抽出しているだけです」

桜井 「議事録には載っていたのかな」

鷹山 「そこまでは見てないのですが、『ちょっと話だけは聞いていた……』というのは聞いているんですがね」

桜井 「まあ、ひとまず、抜けが分かったということで……」

　このケースでは大事に至りませんでしたが、しかしながら昨今のようにプロジェクトが進行している途中での要件の変更や、開発中に顧客とのやりとりから判明した機能の追加などを柔軟に行うためには、従来のスタイルでの追跡は難しくなっています。

　ウォーターフォール形式のように、『要件定義』や『設計書』の修正から順次行う（本当は必要ではあるのですが）と修正の手間ばかりかかってしまい、肝心の開発プロジェクトが遅れかねません。そのため、アジャイル開発のように『設計書』の修正に手間をかけるよりは、顧客との話し合いでプロジェクトを先に進めるパターンも出てきます。

　顧客からの口頭での伝達や、一部のプロジェクトメンバーだけの了解によって仕様変更が頻発している状態では、プロジェクトメンバー全体でリアルタイムに情報を共有することが難しくなってしまいます。これはアジャイル開発であったとしても、定期的なバックログの整理や『設計書』の見直しが求められます。

　逆に言えば、アジャイル開発では頻繁な変更に耐えられる『設計書』、あるいは設計に相当する記録[*]の仕組みが求められています。

標準化するべきか？

　会社の規模によっては、すでに社内標準となる設計書のフォーマットが用意されていることがあるでしょう。文書フォーマットの標準化については、2000年頃の**ナレッジマネジメント**のブームにおいて社内の共通財産としてシステム化されたものです。当時は、まだまだ閉鎖的な社内ネットワークが主流であったため、会社独自のナレッジマネジメントシステムを構築したり、社内標準として利用するシステムの購入を検討したりする例がありました。

　しかし、現在においては開発プロジェクトの方式も多様化し、顧客とのやりとりも多くなったため一律の標準化は難しいと考えられます。

　文書管理の基本は、下記の通りです。

①管理の対象の文書が明確であること
②保存すべき文書が明確であること
③保管方法（ファイル名、フォルダー名、通番など）が明確であること
④保存期間が明確であること

　たとえば、たびたび要件事項がプロジェクトで変更になる場合、GitHubのissues[*]のようなリスト形式のままでは文書管理として取り扱うことができません。次々と要件事項が追加、あるいは削除となるために、内容の変化が曖昧になってしまうためです。

　しかし、issuesのスナップショットを取り、時系列として適宜管理しておけば、文書管理のマネジメントとして問題なく活用できます。実際、品質マネジメントで

※ **設計に相当する記録**……Markdown等を使った図やUMLなど。
※ **issues**……プロジェクトメンバー間で共有が必要な事項をスレッド形式で立てられるGitHubの機能のこと。

は台帳管理[※]が必要でしたが、文書管理のシステム内で最新版がわかるようにリスト化できれば問題ないとされています。

　文書の標準化においては、かつての形式に無理に合わせる必要はありません。開発プロジェクトとして標準化するにしても、『プロジェクト計画書』や『契約書』などの社内フォーマットが確立したものに対しては厳密に適用し、そのほかの文書に関しては柔軟に対処する方法が適しています。

標準化によるとりこぼし

▶▶ 検索を有効に使う

　もともとのナレッジマネジメントの目的として、**社内の知恵**や**経験の集約**がありました。会社として、社員が行った仕事（この場合は開発プロジェクト）に対して、直接的な利益ではなく、次のような知恵や経験をプロジェクトメンバー個人から会社の全体へと広げて共有しようとしたのが、ナレッジマネジメントの最初の発想です。

・プロジェクト運営ノウハウ

・対処の仕方

・プロジェクトで培ったツールやフレームワーク

※**台帳管理**……各文書をタイトルや時系列でまとめた一覧表。

　つまり、**個人の暗黙知を会社全体への形式知に変換して活用していきたい**という目的があったのです。

　しかし、当時のITシステムの制限[*]から、まずは個人の知見を文書にして形式知化するツールがたくさんでてきました。結果的に、これらのツールがあまり広まらなかった理由としては、個人が文書化するときの手間が大きすぎたということが考えられます。

　その後、ブログブームやツイッター（現X）のようなSNSが流行り、クラウド上のストレージも広く活用されるようになりました。開発者においても、技術ブログが広まっています。つまり、このくらいの緩い形式で手間が少なければ、個人の知見を残すことは可能なのです。

　Googleなどの検索システム、WindowsのWordやExcelのファイル内検索などの機能を活用すれば、さらに検索対象の幅を広げることができます。このことは、無理にデータベースを活用したシステムを組むよりも、電子文書として管理されフォルダー分けされた多少乱雑な状態であってもキーワード検索を使い、各文書を横断して調べられることを示しています。

雑多な記録をそのまま活用する

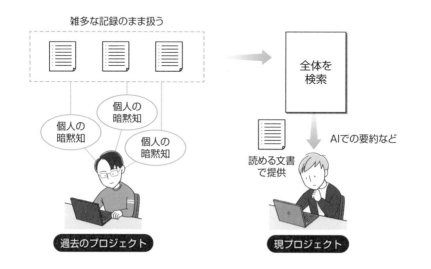

雑多な記録のまま扱う

個人の暗黙知

個人の暗黙知

個人の暗黙知

過去のプロジェクト

全体を検索

AIでの要約など

読める文書で提供

現プロジェクト

第13章　ナレッジマネジメント

＊**ITシステムの制限**……特にストレージ量の制限と、ネットワーク上のクラウドがなかったいう問題が挙げられる。

13-3
過去のプロジェクトの情報を活用する

　プロジェクトの設計書は、次に続く運用時やシステム移行時に欠かせない重要なものですが、ほかのプロジェクトにとっても重要な情報となります。会社の場合、過去を含めれば数十、数百のプロジェクトを抱えていたことが多いでしょう。うまくいって黒字となったプロジェクトもあれば、炎上プロジェクトとして赤字となったプロジェクトもあると思われます。そのどちらであっても、プロジェクトの記録が残っていなければ、あまり意味がありません。個人的な経験談ではなく会社の資産としての活用を考えます。

▶▶ 社内の「経験」を活用する

　一般的に、ほかのプロジェクトを参考にするときは、プロジェクト内で作成したツールやフレームワークなどの技術的ノウハウを求めることが多いと思われますが、**プロジェクトそのものの運営状態***も重要な経験としての材料になります。特に、プロジェクトマネージャとして新人の場合は（開発者としてベテランであったとしても）、**プロジェクト全体を見渡すノウハウ**として過去のプロジェクトの記録が役に立ちます。

　プロジェクトマネジメントとして、PMBOKなどに従った標準的な方式に従い、プロジェクト計画書の記述からスケジューリングや、進捗管理などを行うことも可能です。実際に行うことも多いでしょう。

　しかし、現実の会社で行われるプロジェクトは、形式通りに進むとは限りません。ソフトウェア開発においてもWeb開発、情報システム、スマートフォーンアプリなどの様々な分野があり、受託開発であれば対応する業種に応じて、顧客に対する配慮が必要となってきます。そして、それぞれにリスクがあり、対処してきた経験があります。

　すべてのプロジェクトが独自に設計書を一から作っているわけではありません。社内での似たような過去のプロジェクトの成果をうまく真似て、社内の経験を取り

＊**プロジェクト～運営状態**……プロジェクト計画書や進捗状態、議事録など。

込むことが重要です。参考になりうるプロジェクトの記録を残していかねばなりません。

　プロジェクト終了後にすべての文書を破棄してしまうと、このような**貴重な経験**がなくなってしまいます。顧客のセキュリティ要件によって、文書を破棄する必要があれば別ですが、できることならば社外秘として、（社内での開発プロジェクトであるので）次期プロジェクトのメンバーがうまく参考にできることが望ましいのです。

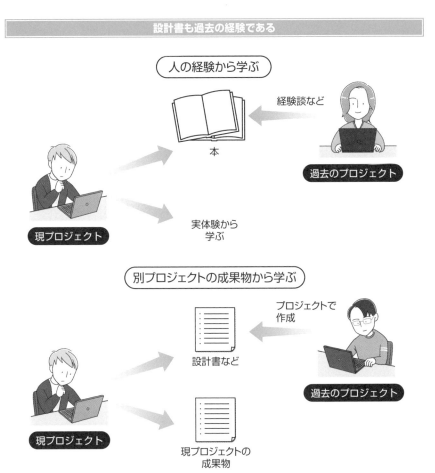

設計書も過去の経験である

人の経験から学ぶ

経験談など

本

過去のプロジェクト

現プロジェクト

実体験から
学ぶ

別プロジェクトの成果物から学ぶ

プロジェクトで
作成

設計書など

過去のプロジェクト

現プロジェクト

現プロジェクトの
成果物

▶▶ 記録を残し原因を探る

　成功したプロジェクトの経験も重要ですが、むしろ**赤字となった炎上プロジェクト**のほうが経験としては価値があります。

　プロジェクトマネジメントの1つの極意として、発生する障害に対してやりくりを行い、大きな失敗を回避することがあげられます。リスク管理やシステム移行時の移行手順、運用前の入念なテストなどにはマネージャの過去の経験が現れてきます。

桜井　「先日のプロジェクト総括、というか反省会はどうでした？」

加藤　「いやあ、大変だったよ。あまり口には出して言えないけど、大変だった」

桜井　「噂では、怒号が飛び交ったとか。いや、噂ですが……」

加藤　「誰かに聞いたの？」

桜井　「ああ、まあ、そんな感じで……」

加藤　「まあ、総括を見ればわかるけど、最初は少人数だったのに、だんだんと規模が大きくなって統率がとれなくなってしまったんだよね」

桜井　「でも、お客さんからの予算は、十分に確保できたんですよね？」

加藤　「そう、お客さんも規模が大きくなったのは理解してくれて、プロジェクト予算は途中から増額してくれたのだけど、スケジュールが変わらなくてね。増員に次ぐ増員という形になってしまって」

桜井　「それなりにサブリーダーを立てたはずなんですが、それじゃあ、うまくいかなかったんですか？」

加藤　「分割がうまくいかなかったのか、設計がまずかったのかよくわからなくてね。そこそこ設計は揃っているのに、なぜかサブシステム同士が繋がらない状況が頻発してしまったんだよ。特に運用試験直前にわかったのが、まずかったのかもね」

桜井　「人は揃っていたんですか？」

加藤　「人数だけは揃えたらしいんだよね。まあ、勤務時間は超過しているわけだから、炎上ギリギリだったんだろうけど」

桜井　「噂では、かなりの長期間に渡って土日出勤していたらしいので、炎上じゃ

ないですかね。噂ですが……」

加藤　「ああ、勤務時間は大きく超えてたね。表面上は、お金が出ていたので大き
　　　な赤字はまぬがれたんだけど」

桜井　「それが問題ですよね。営業的には決して失敗プロジェクトというわけでは
　　　なくても、二度と関わりたくないという感じがするので」

加藤　「もともと『リーダー同士の仲が悪かった』という話も聞くけど本当?」

桜井　「まあ、仲が悪かったというのは言い過ぎですが、コミュニケーションが取
　　　れていないわけではないので」

加藤　「そうなると、何が原因だと思う?」

桜井　「まあ、一般的には急激な増員が問題なことが多いのですが、今回の場合は
　　　そうじゃないパターンだと思いますけどね……」

プロジェクト総括で、例えば次のような感想を残すのも重要です。

・要件が肥大してしまい、赤字プロジェクトに陥った
・開発者のスキルが想定していたよりも低くて、パフォーマンスが出なかった

さらに、「では、そこに何らかの対策を打てたのか?」「将来的に同じ状況に陥り
そうになったときに事前に回避ができるのか?」「回避するためにはどのような予
防策を取ったほうがいいのか?」という検討を追加します。

炎上プロジェクトとなって、プロジェクトメンバーが疲弊した状態でプロジェク
トが完了したとき、プロジェクト総括として具体的な反省を行うのはなかなか厳し
いでしょう。マネージャを含めてメンバーは当事者であるのでプロジェクトを客観
的に見ることは困難です。

しかし、将来的には似た状況に陥ることを避け、「貴重な経験」を活用してうま
く取り組んでいきたいところです。そのためにも、短絡的に原因究明に飛びつくの
ではなく、記録は記録として残しておき、将来的に過去を冷静に振り返ってプロジェ
クトの情報を活用します。

第13章　ナレッジマネジメント

▶▶ 失敗学とヒヤリハット

　失敗学という学問があります。建設業界や航空業界では「ヒヤリハット」の事例を集めて、人命にかかわる事象※に常に備えています。ソフトウェア業界では、プロジェクト自体の作業で直接命を落とすことは極めて少ないと思われますが、それでも炎上プロジェクトにおけるメンバーの疲弊度は、尋常ではありません。**デスマーチ**※とも呼ばれるものです。

　失敗学の基本は、「過去の失敗」から学ぶことです。心情的には、成功から学びたい※ところですが、条件が揃ったために成功したのか、時代の波に乗ったのかという生存者バイアスが効いていることがしばしばです。となれば、赤字プロジェクトの失敗の原因を掴んでおいて、今後は回避して炎上しなければ良いという発想が使えます。

　ソフトウェア開発プロジェクトに関しては、スケジュールと予算の推移、メンバーの勤務時間（設計、実装、試験工程など）を記録として残しておきます。

　勤務時間については、タイムカード方式で厳密に測定するのではなく、大雑把

※**人命にかかわる事象**……安全確認ミス、作業中の事故、整備不良など。
※**デスマーチ**……「死の（death）行進（march）」という意味の英語表現で、長時間の残業や徹夜・休日出勤が常態化され、メンバーに極端な負荷・過重労働を強いるプロジェクトを表す俗語。
※**成功から学びたい**……大幅な黒字プロジェクトや、大成功のプロジェクトはどう作るのか？など。

な自己申告でも十分です。多少のズレはあっても、全体としては誤算の範囲になります。ただし、プロジェクト評価につなげると、成績を良くしようと虚偽が発生してしまうため、単なる記録としてつけるのが肝心です。

　過去のプロジェクトの情報の推移を見て、その予兆を見つけていきます。これがヒヤリハットにあたります。結局のところ、工場製品の故障や品質の変化とは異なるため、人の経験と勘を頼りにマネジメントを行うことになりますが、過去のプロジェクトが「貴重な経験」として残されているため、個人的なマネジメント経験よりも豊富な情報が得られます。

COLUMN　**テスタビリティに気を付ける**

　ソフトウェア開発を行う際、主な作業はコーディングのように思われますが、実装工程の前後には様々な工程が控えています。設計工程では、後に続く実装工程で迷わないように、クラス設計やインターフェースを決定します。時には複雑なロジックを読み解いておくために詳細設計を行うこともあるでしょう。

　同じように、実装工程の後には試験工程が控えています。プログラムの試験工程では、人力で画面を操作しながら行うこともあれば、できるだけ自動化して繰り返しのテストを省力化したいところです。また、試験では不具合が付き物であるため、不具合を特定するためのエラーメッセージやデバッグログを入れておくことも重要です。

　試験のしやすさを「テスタビリティ」と言います。プログラムのテスト実行するために様々な設定を行い、人手でいくつかのボタンをクリックしなければいけないとしたら、それはテスタビリティが低いと言えます。設定ファイルを用意し、テストのときにはボタン操作をスキップして、本体のロジックがテストできれば、それはテスタビリティが高いと言えるでしょう。

　これらの試験工程の省力化は、コードを書くときだけで実現できるものではありません。設計段階から考える必要があります。一見、余分と見えるようなテストの省力化のコードですが、実際のプロジェクトでは、不具合発生時から修正までの短期間化、データベースなどを含めた繰り返しテストの無人化などが開発プロジェクトを安定化させる重要な要因となっています。

社内情報の形式知化

　プロジェクトで作成する各種の仕様書は、プロジェクト自身に必要であると同時に、社内の共有情報としての価値があります。「プロジェクトのメンバー内では既知の情報をなぜ文書として書き残さないといけないのか」「書き残したときにどんな価値があるのか」について、いま一度考え直してみます。

▶▶ SECIモデル

　ナレッジマネジメントで使われる**SECIモデル**[*]は、個人が持っている知識や経験（暗黙知）を組織全体まで広げ、再び個人の創造性をアップするための4つの知識創造プロセスになります。

①共同化（人から人への暗黙知の伝達）
②表出化（個人の暗黙知を形式知へ）
③結合化（個人の形式知を組織の形式知へ）
④内面化（組織の形式知を実践として浸透させる）

　暗黙知とは、自分の頭の中や経験として捉えていることです。「共同化」のように「師弟関係」や「職人の口伝」、「背中を見て覚える」などは、これにあたります。特に文書化されているわけではないので、運用ノウハウを知っている人が本人だけというような属人性[*]が高い状態です。

　ナレッジシステムでの社内情報の共有や標準化は、「結合化」や「内面化」のプロセスを目指しています。組織（会社やグループなど）に新人が入った時に、「共同化」のように師弟関係のように伝達するのではなく、一定の教育プロセスやプロジェクトの導入マニュアルなどが用意された状態で学習ができることを意味します。

---

[*] **SECIモデル**……SECIは、Socialization（共同化）、Externalization（表出化）、Combination（結合化）、（Internalization（内面化）の略。
[*] **属人性**……特定の経験や技術などに依存するため、限られた人しか業務や作業を行えない状況のこと。

SECIモデル

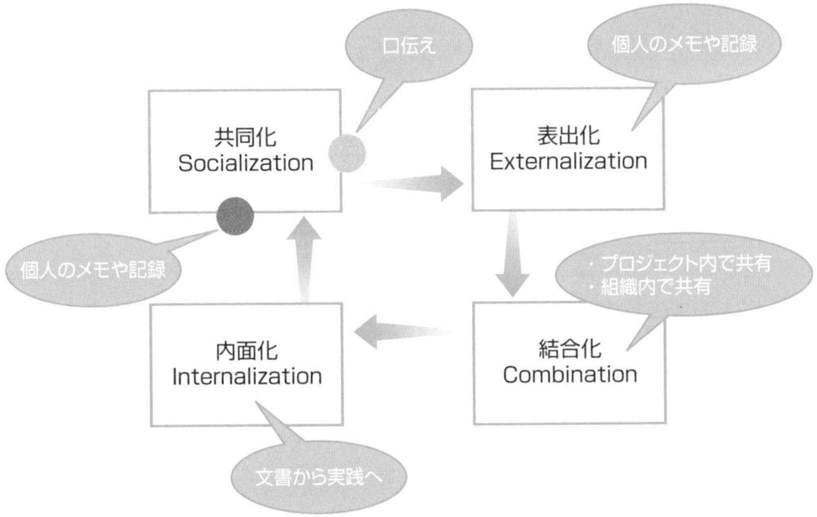

口伝え

個人のメモや記録

共同化
Socialization

表出化
Externalization

個人のメモや記録

・プロジェクト内で共有
・組織内で共有

内面化
Internalization

結合化
Combination

文書から実践へ

　上の図のように、経験だけで培われている「共同化」の状態から「内面化」の状態までには、間に2つのプロセスがあります。どちらも形式知化がからむ部分で、ここに仕様書や設計書の意義があります。

　個人的な経験やノウハウを忘れないように残しておくのが「表出化」のプロセスです。いくつかの手順を頭の中で覚えておくのではなく、『手順書』として書き出すのです。

　「結合化」のプロセスでは、個人で使っていた『手順書』をチーム全体で使えるようにします。ここではチーム内で統一された用語や顧客にわかりやすいように書き直されたヘルプシステムなどがそれにあたります。個人だけで解っている状態をチーム全体に広げるためには、一定の文書スキルが必要になります。

　プロジェクトの仕様書の使い方は、この「結合化」の部分で利用される場面が多いのですが、この知恵や知識（ナレッジ）を組織内で活用すると「内面化」としての意味が大きくなります。

▶▶ 可視化されるプロジェクトの経験

　失敗学の部分でも解説しましたが、成功したプロジェクトの記録は残りやすいのですが、炎上し失敗したプロジェクトの記録は散逸しやすいものです。

　プロジェクトの失敗する理由の1つとして、プロジェクト内のコミュニケーション不足※が挙げられることも多いのですが、過剰な設計書の山を築いてしまい、設計書の整理に追われ過ぎてしまうというパターンも少なくありません。そのため、コミュニケーションミスという漠然とした定性的な失敗原因よりも、もっと客観的な指標を使って検証することが求められます。

　例えば、機能の規模見積りをもとにしたスケジュールが大きくズレていた場合、その原因として機能の見積り漏れが関係した可能性があります。これを調べるためには、すでに出来あがったシステムから具体的な画面数や機能数など計測し、簡易的なファンクションポイント法を使って再び見積ってみるとよいでしょう。

　最初の要件定義で出した規模見積りと最終的な画面があるときの規模見積りを比較すれば、具体的な差がわかります。画面からの規模見積りに大きな差がない場合は、機能の難しさや要件自体が二転三転したという事情が見えてきます。

　プロジェクトが終了した後に、設計書や完成したシステムが存在すれば、再検証が容易になり、次の開発プロジェクトへの応用がしやすくなります。あらかじめ、規模見積りの差をバッファとして含めておく方法や、規模が増えそうな部分があれば、その部分だけ詳細設計や検証作業などを豊富にしておくという方法がとれます。

　赤字プロジェクトになってしまったからと言って、設計書などが散逸した状態のままになると、再検証ができず、参考にすることもできません。調べることが不可能になります。つまり、失敗であっても成功であっても、一定の基準で要件定義や設計書などを保存しておくことが求められ、それが活用できる状態にしておくほうが、ナレッジマネジメントとしては有効活用できるのです。

※**コミュニケーション不足**……顧客のヒアリング不足、設計書の不足、要件定義の漏れなど。

プロジェクト情報を社内でオープンにする

資産として活用

過去のプロジェクト
- 設計
- 試験
- 要件定義
- 障害票
- 議事録
- 進捗管理

現プロジェクト
- 要件定義
- 設計
- コード
- 議事録

省力化して形式知を広める

形式知を組織全体に広める方法としてプロセスとして、前述の「結合化」が挙げられます。これがナレッジ用のデータベースのように、形式化され過ぎた登録作業に労力がかかってしまうと、登録する人が少なくなってしまい、データが少なすぎ活用できない状態になります。これでは本末転倒です。

桜井 「会社のプロジェクト目標として『情報の共有化』という項目があるけど、これを具体的に何にするのがいいと思います？」

鷹山 「プロジェクト独自ツールの提案、ですかね」

桜井 「いや、そんなに大袈裟な話ではなくて、そもそも、このプロジェクトで独自ツールを開発する余地はないし……」

鷹山 「そうですね。そうなると、生産性向上とか開発効率の向上ですかね」

桜井 「会社的にはそれが望ましいのだけど、プロジェクトの目標としては、ちょっと重たいかな。具体的に何を試すか、というような感じがほしいよね」

鷹山 「そうなると、何かのツールをプロジェクトで試すのが手っ取り早いですね。プロジェクト予算内で購入してみて試してみるとか」

桜井 「購入しなくてもよいから、何かのオープンソースとか」

鷹山 「でも、新しいツールを試した結果、かえって効率が悪くなる時もあります

　　　　よね。ツール自体が悪いわけじゃないけど、プロジェクトとの相性が悪い
　　　　とか、会社の標準化と沿わないとかいう理由で」

桜井　「まあ、それでもいいんじゃないですか。もともとプロジェクトである程度
　　　　のバッファをもたせているし、次のプロジェクトに学習効果が出れば、会
　　　　社としては良いわけだし」

鷹山　「プロジェクトとしての採算が悪くなるのは、問題はないんですか？」

桜井　「さすがに、赤字プロジェクトになってしまうと困るけど、プロジェクトの
　　　　メンバーは社員なわけだし。部門内で次のプロジェクトにも配属がされる
　　　　だろうから、だんだんと良い結果が出てくればよいでしょう」

鷹山　「なるほど。そうなると、ちょっと先を見据えてオープンソースのツールを
　　　　使ってもいいかもしれませんね」

桜井　「何か気になっているツールはある？」

鷹山　「そうですね、先日行ったカンファレンスで聞いたものなのですが……」

　かつてのナレッジデータベースでは、項目の分類や状態などを分析するために、
整理した状態での入力が求められていました。現在においては、全文検索やAIに
よる文書の要約が手軽になってきているため、雑多な文書の集まりでも参照可能
な状態になると考えられます。複数の文書の横断も可能です。

　企業として統計的な分析レポートを提出するならば別でしょうが、過去のプロ
ジェクトを参照して目の前にプロジェクトに活用したいという知見を利用する形で
あるならば、そこまで大掛かりなシステムは必要ないと思われます。

　昨今のクラウド環境のドキュメント機能を利用しながら、正式な文書化までいか
なくても、次のような方法で形式知を組織内に広めることが可能です。

①GitHubのissuesのように、問題点と議論、そして対応するコードを一括で管理する
②開発チケットからガントチャート、バーンダウンチャートを表示する仕組みを導入する
③設計書を生成AIに追加しておき、要約やヘルプを参照する
④UMLなどを図ではなく、markdownで記述し、テキスト検索できる状態にする

このように通常の設計書の概念とは外れるものではありますが、形式知を組織内に広める場合に十分な効果があるものが登場しています。

COLUMN　システムの賞味期限

　以前はシステムを切り替えるタイミングと言えば、データベースの容量が満杯になる、複雑なデータが多くなりすぎて既存バグが頻出し始めたころ、というパターンが多かったものです。いわゆる、不具合曲線のなべ底のパターン（初期に不具合が多く、しばらく安定稼働して、データ量が多くなったころに再び不具合が多くなる曲線）を想定しています。あるいは、実際にはBIの導入タイミングや、新しいERPパッケージを導入する際に、システムを斬新します。

　インターネットが広まる以前（あるいはインターネットのネットワークが貧弱だった時代）に設計されたシステムは、外部連携する機能が少なく、処理スピードを上げるために社内にサーバーを置いて処理させるものが多くあります。これを現在のようなWebサービス等を通じた連携を行うように改修するためにはかなりのコストがかかります。

　1つの方法としてRPAソリューション（ロボット入力機能）のように、画面操作をマクロなどで自動化させる方法もありますが、根本的な解決に至るわけではありません。しかし、1つの良い方法ではあります。古いプログラム言語とモジュールを使って改修するよりも、仮想環境にまるごと移して「使い倒す」ことも可能でしょう。

　開発されたソフトウェアは、その時期のハードウェアの性能（CPU、メモリ、HDD、ネットワーク、データベース）に最適化されているのが常です。ハードウェアが時代により高性能になれば、ソフトウェアも高性能になるというわけではありません。

　単純に処理スピードは上がるかもしれませんが、ムダの多いシステムとなってしまいます。よって、システムの賞味期限は「当時のハードウェアが陳腐化してしまった」ときと言えるでしょう。再び同じハードウェアが揃えられない状態になったとき、ソフトウェアも一緒に消える運命にあります。

　仮想環境での動作は、1つの延命処置ではありますが、クラウド上のリモート操作の遅さを考えると、最適なものとは言えません。利用者の操作感が下がっていないかを常に確認していきます。

第13章

ナレッジマネジメント

●著者略歴

増田 智明 (ますだ ともあき)

　大阪大学工学部から株式会社セックに入社。10年間の勤務の後、独立してフリーランスとして活動し、現在はプログラマと執筆に至る。基幹システムから、携帯電話、研究開発などのさまざまなプロジェクトに参画する。アジャイル開発、CCPMなどの知見を応用して予測可能なソフトウェア開発を模索中。

主な近著
『現場ですぐに使える! Visual C# 2022逆引き大全 500の極意』(秀和システム)
『現場ですぐに使える! Visual Basic 2022逆引き大全 500の極意』(秀和システム)
『.NET MAUIによるマルチプラットフォームアプリ開発　iOS、Android、Windows、macOS対応アプリをC#で開発』(日経BP)

●本文キャラクターイラスト
　　小泉マリコ（合同会社ごけんぼりスタジオ）

図解入門 よくわかる
最新 システム開発者のための
仕様書の基本と仕組み［第4版］

| 発行日 | 2023年 12月 25日 | 第1版第1刷 |
| | 2024年　 9月 18日 | 第1版第2刷 |

著　者　増田　智明

発行者　斉藤　和邦
発行所　株式会社　秀和システム
　　　　〒135-0016
　　　　東京都江東区東陽2-4-2　新宮ビル2F
　　　　Tel 03-6264-3105（販売）Fax 03-6264-3094
印刷所　三松堂印刷株式会社

©2023 Tomoaki Masuda　　　　　　　Printed in Japan
ISBN978-4-7980-7110-7 C3055